微分方程式
リアル入門

解法の背景を探る

髙橋秀慈 著

裳華房

INTRODUCTION FOR REAL TO DIFFERENTIAL EQUATIONS
EXPLORING THE BACKGROUND OF THE SOLUTIONS

by

SHUJI TAKAHASHI

SHOKABO

TOKYO

JCOPY 〈出版者著作権管理機構 委託出版物〉

はじめに

　微分方程式の学生向けの書物は実に多種多様で，数学的厳密さの見地から書かれたものから，モデリングに代表される，科学全般への応用的見地から書かれたものまで，幅広いものがある．本書は理論的側面よりもまず，微分方程式の楽しさ，面白さをなるべく簡潔に伝えるために，方程式をとらえる技法，切り口の多様性というものを述べることを目標とした．

　従来，微分方程式の初歩的な入門書の多くは，方程式ごとにその解法を説明する，いわば問題集のような形式で書かれている．本書は「解を求めること」を目標とするのではなく，「解を求めるための解法を理解すること」を目標とするという観点から，1つ1つの解法が，どのような方程式に対して適用可能か，そしてどのように適用するかということを説明するという形式をとっている．

　近年，数理モデルを取り扱う入門書も多数，上梓されているが，単に解を求めて満足するのではなく，物理の発展の中で数学が発展してきたように，その解法の理解が数理モデルの本質の理解のために重要であるということを示したい．

　常微分方程式の入門書を学んだ後，数学，物理，工学系などの諸分野において，専門書によって偏微分方程式を学ぶこととなる．しかし入門書と専門書の間の隔たりは随分大きく，すでに訓練をよく積んだ学生向けの専門書は多いが，初歩的入門書と専門書の中間というか，接続的な内容の書物は多くない．そこでその隔たりを埋めるべく，計算中心の入門書に対する補足的説明と専門書を読むための導入，という実質的な微分方程式の入門書を目指した．

　数学は産業界にとって極めて重要であると従来より指摘されてきたにも関わらず，これまで日本産業界は数学を十分活用できないできた．しかし近年のAIの発展により数学人材の必要性が明確になりつつある．とりわけ数式を見て，その背景にあるイメージを理解し，またイメージを数式で記述する能力がまず

要求される．拙著『微分積分リアル入門 ― イメージから理論へ ―』（[30]）とともに，本書がこのような能力の開発に寄与できるならば幸いである．

　最後になりましたが，櫻井明先生には貴重なご意見を戴き，参考とさせて戴きました．心より御礼申し上げます．また本書出版にあたり，（株）裳華房編集部の亀井祐樹氏に心から感謝の意を表します．

　　2019 年 9 月

　　　　　　　　　　　　　　　　　　　　　　　　　　　　髙 橋 秀 慈

目　次

第Ⅰ部　1階常微分方程式の解法の基礎

第1章　微分方程式を解くということ　2

1.1　関数の特徴を微分方程式で表そう ……………… 2
1.2　流　線 …………………… 6
1.3　微積分の基本定理 …………… 8

第2章　微分方程式を解いてみよう　12

2.1　曲線のパラメータ表示 ……… 12
2.2　変数分離の方程式 …………… 14
2.3　積分因子 ……………………… 20
2.4　同次形の方程式 ……………… 24
2.5　定数変化法 …………………… 27
2.6　解の重ね合わせと初期値問題 ……………………………… 28
2.7　斉次方程式と非斉次方程式 ……………………………… 31

第Ⅱ部　2階常微分方程式の解法

第3章　$y''+ay'+by=f(x)$ の初期値問題を定数変化法で解く　36

3.1　$y''+ay'+by=0$ を解く ……………………………… 36
3.2　$y''+ay'+by=f(x)$ を解く（定数変化法による解法）…… 40

第4章　微分演算子による解法　44

4.1　微分方程式を微分演算子の積で表す ……………………… 44
4.2　特性方程式が重解をもつ場合 ……………………………… 46
4.3　逆演算子法 …………………… 48

第5章 変数係数微分方程式　55

5.1 変数係数微分方程式を定数係数微分方程式に変換する ……………………… 55

第Ⅲ部 1階微分方程式の特徴を曲線・曲面で表す

第6章 常微分方程式の解を曲面の等高線で表す　60

6.1 偏微分 …………………… 60
6.2 曲面の等高線 …………… 62
6.3 グラディエントと全微分 …… 64
6.4 曲面の等高線と微分方程式 ……………………………… 68
6.5 完全微分形 ……………… 70

第7章 線形力学系　75

7.1 ベクトルの微分方程式 …… 75
7.2 解軌道と漸近挙動 ………… 79
7.3 平衡点の安定性 ………… 84
7.4 非斉次方程式 …………… 87

第8章 特性曲線による解法　93

8.1 方向微分による微分方程式 ……………………………… 93
8.2 グラディエントの変数変換 ……………………………… 95
8.3 座標変換して常微分方程式にする …… 98
8.4 特性曲線 ………………… 100
8.5 移流方程式 ……………… 107
8.6 交通流と衝撃波 ………… 111

第Ⅳ部 近似解法と解の存在

第9章 関数列と関数項級数　120

9.1 関数列と極限関数 ……… 121
9.2 一様収束 ………………… 125
9.3 極限関数の連続性，積分，微分 ……………………………… 129
9.4 積分記号下の微分法 …… 134
9.5 関数項級数 ……………… 136
9.6 整級数 …………………… 140
9.7 整級数展開による微分方程式の解法 ………… 148

第10章　不動点定理と解の存在　*151*

- 10.1　逐次近似法 …………… *151*
- 10.2　ノルム空間 …………… *155*
- 10.3　縮小写像とバナッハの
   不動点定理 ………… *158*
- 10.4　常微分方程式の解の定義
   ……………………… *162*
- 10.5　常微分方程式の
   解の存在と一意性 ……… *165*

第V部　フーリエ解析による解法

第11章　拡散方程式　*172*

- 11.1　熱伝導 ……………… *172*
- 11.2　連続の方程式と
   高次元での熱方程式 …… *175*
- 11.3　境界条件 …………… *181*
- 11.4　変数分離法 ………… *183*
- 11.5　初期条件 …………… *189*
- 11.6　非斉次熱方程式と
   さまざまな境界条件 …… *191*
- 11.7　1次元バーガース方程式の解
   ……………………… *195*

第12章　フーリエ級数　*197*

- 12.1　フーリエ級数展開 ……… *197*
- 12.2　ベッセルの不等式と
   リーマン・ルベーグの補題
   ……………………… *203*
- 12.3　関数のなめらかさと
   フーリエ級数の収束性
   ……………………… *205*
- 12.4　フェイェールの定理 …… *213*
- 12.5　パーセヴァルの等式 …… *216*

第13章　$\mathbb{R}$での熱方程式　*222*

- 13.1　$\mathbb{R}$での熱方程式の基本解
   ……………………… *222*
- 13.2　畳み込み …………… *225*
- 13.3　$\mathbb{R}$での熱方程式の初期値問題
   ……………………… *228*

参考文献 …………………………………………………………… *231*
索　　引 …………………………………………………………… *233*

I
1階常微分方程式の解法の基礎

第1章 微分方程式を解く
　　　　ということ

第2章 微分方程式を
　　　　解いてみよう

第1章

微分方程式を解くということ

　微分方程式を学ぶとき，方程式の解き方を学ぶ計算問題としてとらえられることが多い．微分方程式は数学全般の中でも，最も社会一般で活用される分野の1つであり，解くということの前に，微分方程式はどんなことを表現しているのか，微分方程式のもつ意味ということを考えておきたい．また微分方程式を解くということは数学的にどんな意味をもっているかということも考えてみよう．

1.1　関数の特徴を微分方程式で表そう

(1)　$y = e^x$ の特徴を表す微分方程式

　シャーレ内のバクテリアの個体数の変化を観察する．時刻 t でのバクテリアの個体数を $y(t)$ とする．単位時間当り，1個体当りの増加量（出生率から死亡率を引いたもの）が a であるとき，$y(t+1) = y(t) + ay(t)$ となる．単位時間を1秒とすると，時刻 t で $y(t) = 1000$ ならば，1秒後に，$1000a$ 増え，$y(t) = 2000$ ならば，1秒後に $2000a$ 増える．このようなとき，

$$\begin{aligned} y'(t) &= \lim_{h \to 0} \frac{y(t+h) - y(t)}{h} \\ &= ay(t) \end{aligned} \tag{1.1}$$

が成り立つものとする．つまり総個体数の増加率は個体数に比例するとする．ある時刻 $t = t_0$ において $y(t_0)$ が与えられているとき，あらゆる t に対して

$y(t)$ を定めることを考えるのが一般的である．しかしここではまず (1.1) の意味を考察してみたい．

以下では $a = 1$ として考える．$y'(t) = y(t)$ をみたす関数はどんな関数だろうか．先に答えをいってしまえば，任意の $C \in \mathbb{R}$ に対して，$y = Ce^t$ は $y'(t) = y(t)$ をみたす．

(i) 方程式の特徴

> $y = e^x$ のグラフでは，すべての x で，$y'(x) = y(x)$ が成り立っている．これは「点 x でのグラフの x 軸からの高さ $y(x)$ とそこでの接線の傾きが等しい」ことを意味している．

たとえば $x = 0$ では，$y(0) = e^0 = 1$, $y'(0) = e^0 = 1$ となるが，$x = 0$ での接線の傾きが 1，すなわち 45°になっている．x が大きくなるほど $y = e^x$ のグラフは x 軸からの高さが大きくなっていくが，接線の傾きも常に $y'(x) = y(x)$ をみたしながら，大きくなっていく．

図 1.1 で，x 軸からの高さ $y(x)$ とそこでの接線の傾き $y'(x)$ が等しいということは，$y(x) = a$ ならば，接線の方程式はある b に対して $y(x) = ax + b$ と書けることを意味する．

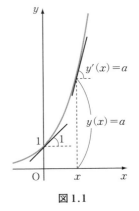

図 1.1

(ii) 解で xy 平面を覆いつくす

すべての x で $y'(x) = y(x)$ をみたす $y(x)$ は $y = e^x$ の他にもある．任意の定数 C に対して $y = Ce^x$ は $y'(x) = y(x)$ をみたす．またグラフ $y = e^x$ を x 軸方向右へ p 平行移動すると，$y = e^{x-p}$ となるが，グラフを x 軸方向に平行移動してもグラフの x 軸からの高さは変化しないので，任意の p に対して $y(x) = e^{x-p}$ も $y'(x) = y(x)$ をみたす．実は $e^{x-p} = e^{-p}e^x$ なので，$C > 0$ のときは，$C = e^{-p}$ とおくこともできた．

このように，$C > 0$ のとき $y = Ce^x$ は $y = e^x$ を x 軸方向に平行移動した関数になっている．$C \leq 0$ であってもいいので，グラフ $y = e^x$ を x 軸で折り返した関数も $y'(x) = y(x)$ をみたしている．($y(x) < 0$ のとき x 軸からの高さ

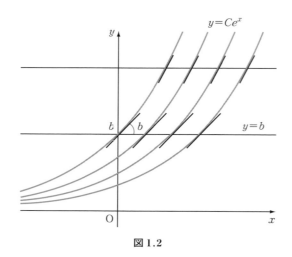

図 1.2

は負になる．)

　$y = Ce^x$ で，$C \in \mathbb{R}$ を動かすことによって xy 平面を $y = Ce^x$ で覆いつくすことができる．すなわち，xy 平面の任意の点 (a, b) で $b = C_0 e^a$ をみたすように C_0 を選ぶと，$y = C_0 e^x$ は (a, b) を通る．しかも (a, b) を通るための C_0 はただ 1 つしかないはずである．というのは，$C_1 \neq C_0$ について，$y = C_1 e^x$ が (a, b) を通るとすると，$x = a$ での接線が，異なる傾きをもつもの 2 本があることになるが，高さは傾きと等しくなくてはならないので，$x = a$ でグラフが異なる高さをもってしまうからである．

　このように $y = Ce^x$ で xy 平面を覆いつくすことができ，しかも $y = Ce^x$ は互いに交わらない．

(iii)　すべての解に共通する特徴

　任意の $b > 0$ に対して，$y = Ce^x (C > 0)$ と $y = b$ の交点を考えてみる．$C > 0$ を任意に動かしてみても，交点での $y = Ce^x$ の接線の傾きはみな等しい．($y = Ce^x$ はもともと $y = e^x$ を x 軸方向に平行移動したものなので，当然ともいえる．) しかも b が大きくなるほど接線の傾きは大きくなる．

　$y = Ce^x$ を $y' = y$ の解という．より詳しくいうと，平面上のある一点を通るように C が定められた解を特解といい，C が指定されないとき，一般解とい

われる．

(2) $x^2 + y^2 = 1$ の特徴を表す微分方程式
(i) 方程式の特徴

$x^2 + y^2 = 1$ の両辺を x で微分する．y は x の関数 $y(x)$ なので，$2x + 2y(x)\,y'(x) = 0$ となる．よって原点中心半径 1 の円上の点 (x, y) では接線の傾きは

$$y' = -\frac{x}{y} \qquad (y \neq 0) \tag{1.2}$$

で与えられる．つまり円上の点の x 座標と y 座標がわかれば，そこでの接線の傾きがわかる．$r > 0$ について，$x^2 + y^2 = r^2$ も (1.2) をみたす．つまり半径によらず，y に対する $-x$ の比 $-\dfrac{x}{y}$ で接線の傾きは定まる．

(ii) すべての解に共通する特徴

接線の傾きは $a = -\dfrac{x}{y}$，すなわち直線 $y = -ax$ 上で等しい．(ただし，$y \neq 0$．) このように y' が $\theta = \dfrac{y}{x}$ だけの関数で書けるということは，原点から放射状にのびる直線 $y = \theta x$ 上で接線の傾きが等しいということから，解の図形が 1 つ求まれば，図形を原点中心に拡大，縮小しても解となることを意味する．

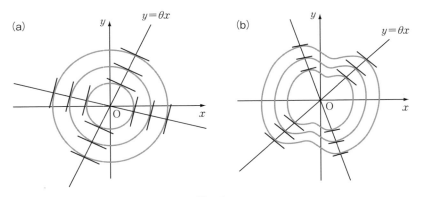

図 1.3

よって $y' = f\left(\dfrac{y}{x}\right)$ の (x_0, y_0) を通る解が求められているとき，そこでの接線の傾き $y'(x)$ は $y = \theta x$ 上で等しい．

このように，$y' = y$ のときは，すべての解は x 軸に平行な直線上で，接線の傾きは等しく，(1.2) では，すべての解は原点中心の放射状の直線上で，接線の傾きは等しいことがわかった．

1.2 流　　線

xy 平面全体で，川のような流れ（時間とともに変化しないとする）があるとき，流れは目に見えないが，流れを図のように視覚的に曲線で表し，それを流線と呼ぶことにする．ある点に花びらを落とすと花びらは流線に沿って流れていき，流れの様子がわかる．すべての流線は交わらず，任意の点を通る流線は必ずある

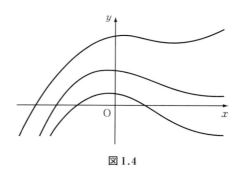

図 1.4

とする．一点を定めて，その点を通る流線が $y(x)$ のように，y 座標を x 座標の関数として見ることができるとき，流線上の点は $(x, y(x))$ と書くことができる．流線上の点 $(x, y(x))$ での接線の傾きは $y'(x)$ で与えられる．

　流れが目に見えないとき，流線の様子はわからない．川の流れに花びらを落とせば，流れの様子がわかる．しかし，流れの様子がわからないとき，指を流れに入れると，流れの方向がどっちか，指が押される方向で予測できる．あらゆる点に指を入れると，あらゆる点で流れの方向がわかる．このようにあらゆる点で流れの方向がわかるとき，ある点に花びらを落としたら花びらがどう流れていくか，花びらを落とさずに予測できるだろうか．すなわち，もしすべての点で，流線の接線の傾きだけがわかったとして，流線は求められるであろうか．花びらは接線の傾きに沿って流れていくのではないだろうか．

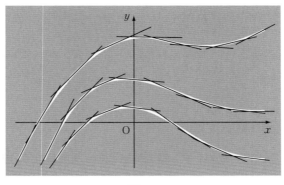

図 1.5

流れに指を入れたときの指の押される方向は，x 方向の微小変化 dx に対する y 方向の微小変化 dy の比 $\dfrac{dy}{dx}$ で，これがあらゆる点で指定されるので，

$$y' = f(x, y) \tag{1.3}$$

と書くことができる．

x 座標と y 座標が決まれば，そこでの接線の傾き $y'(x)$ が決まるというとき，流線 $y(x)$ は求められるであろうか．x 座標と y 座標が決まれば，そこでの接線の傾き $y'(x)$ が決まるということは，y' は x と y の関数ということになる．すなわち，(1.3) と書けることになる．(1.2) では $f(x, y) = -\dfrac{x}{y}$ である．

点 (a, b) から出発して，図 1.5 のように，(1.3) で与えられる接線に沿って移動していくとき，x 座標が a から x まで移動し，y 座標が b から y まで移動するとき，x が定められるごとに y が x によって表示されるとき，それは y が x の関数として表現されることになる．このとき，点 (a, b) を通る (1.3) の解 $y(x)$ が求められたことになる．上述のことを以下のように言い換えてみる．

グラフが定まったら，接線の傾きは定まる．では逆に，接線が定められたら，グラフは定まるか，ということを考えてみる．「グラフが与えられていないのに，接線を考えるとはどういうことか」と多くの人は思うだろう．グラフがあれば，グラフ上の点 $(x, y(x))$ での接線の傾きは $y'(x)$ によって求められる．グラフが与えられていないときに，xy 平面のあらゆる点 (x, y) で，もしその

点をグラフが通るとしたら，そこでのグラフの傾きが指定された通りのものとなるようなグラフは求められるだろうか．

以下，流線を求めるために，x の移動距離に対して，y の移動距離を求めるということを考える．

1.3 微積分の基本定理

数直線上を運動する動点を考える．時刻 t における動点の位置を $f(t)$ とする．今，$t=0$ での動点の位置 $f(0)$ と，すべての時刻 t において，動点の速度がわかっているとき，すべての t における $f(t)$ を求めたい．

(1) 時刻 t の区間 $[0, t_1)$, $[t_1, t_2)$, $\cdots$, $[t_{i-1}, t_i)$, $\cdots$ で動点の速度が $a_1, a_2, \cdots$, $a_i, \cdots$ であるとき $f(t)$ のグラフは図 1.6 のようになる．ここで
$$f(t_i) - f(t_{i-1}) = a_i(t_i - t_{i-1}) \tag{1.4}$$
であることより，すべての t において $f(t)$ は求められる．よって t の移動距離に対して，$f(t)$ の移動距離は求められる．

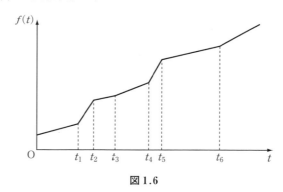

図 1.6

(2) $f'(t)$ が連続関数で与えられているとき．

微積分の基本定理

$f'(t)$ が $[a, b]$ で連続であるとき
$$f(b) - f(a) = \int_a^b f'(t)\,dt \tag{1.5}$$

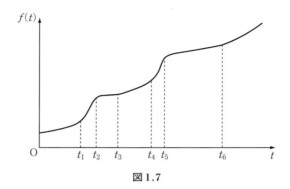

図 1.7

$f'(t)$ が既知関数であるとき，$\int_a^b f'(t)dt$ は求められることより，$f(b) - f(a)$ は求められる．

図 1.7 において，時間の区間 $[t_{i-1}, t_i)$ で $f(t)$ が 1 次関数となるように $f(t)$ を近似すると，図 1.6 のようになるであろう．すべての区間 $[t_{i-1}, t_i)$ において，$t_i - t_{i-1} \to 0$ となるように，区間を細かくしていくと，図 1.6 は図 1.7 に近づいていく．このとき

$$\int_{t_{i-1}}^{t_i} f'(t)dt = f(t_i) - f(t_{i-1}) \tag{1.6}$$

において，$f'(t)$ が $[t_{i-1}, t_i)$ で一定であるとみなせるとき，(1.6) を (1.4) に置き換えることができる．

微分とは

$y = f(x)$ の $x = a$ における微分は

$$df = f'(a)dx \tag{1.7}$$

で与えられる．微分は $y = f(x)$ の $x = a$ での接線における x の変化量 dx に対する y の変化量 df を表す．

x 軸上の a から x までの距離に対して，y 軸上の移動距離は微積分の基本定理 (1.5) によって与えられる．このことは (1.7) を区間 $[a, x]$ で加えることを意味する．

$$f(x) - f(a) = \int_{f(a)}^{f(x)} df = \int_a^x f'(t)dt \qquad (1.8)$$

> 微分可能な曲線 $y = f(x)$ に沿って移動するとき，$f'(x)$ が $[a, x]$ で連続であるとき，x 軸上の a から x までの距離に対して，y 軸上の移動距離は $\int_a^x f'(t)dt$ で与えられる．すなわち x 軸上の a から x までの接線の傾きがすべて x 座標で表示されていれば，y 軸上の移動距離は求められる．

x 軸上の動点の時刻 t での位置が $x(t)$ で与えられるとき，時間の微小変化 dt に対する位置の微小変化 dx は微分の定義によって，

$$dx = x'(t)dt \qquad (1.9)$$

で与えられる．ここで $x'(t)$ は時刻 t での動点の速度を表す．$t = a$ から $t = b$ までの動点の移動距離は微積分の基本定理より，

$$\int_{x(a)}^{x(b)} dx = x(b) - x(a) = \int_a^b x'(t)dt \qquad (1.10)$$

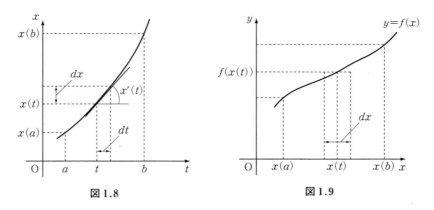

図 1.8　　　　　　　図 1.9

で与えられる．(1.10) は (1.9) の両辺の $t = a$ から $t = b$ までの総和を表している．このように (1.9) は t 軸上の微小な長さ dt と x 軸上の微小な長さ dx との関係を表す．

x 軸上で連続関数 $f(x)$ が定義されているとき，置換積分によって，

$$\int_{x(a)}^{x(b)} f(x)\,dx = \int_a^b f(x(t))x'(t)\,dt \tag{1.11}$$

が成り立つ.

(1.11) は $t=a$ から $t=b$ までに動点が速度 $x'(t)$ で運動するときの $f(x(t))$ の積分量を与える.

第 2 章

微分方程式を解いてみよう

微分方程式の解を求めるということを微分方程式を解くという．微分方程式は関数の特徴を表すので，「微分方程式を解く」ということは「方程式で表される特徴をもつ関数を求めること」となる．

2.1 曲線のパラメータ表示

ここでは花びらが動いていく流線を求めていく．
円 $x^2 + y^2 = 1$ を
$$\{(x(t), y(t)) \in \mathbb{R}^2 \mid x(t) = \cos t,\ y(t) = \sin t,\ 0 \leq t \leq 2\pi\}$$
と表すと，$(x(t), y(t))$ は円 $x^2 + y^2 = 1$ 上の動点とみなすことができる．このとき，t をパラメータとよび，$(x(t), y(t)) = (\cos t, \sin t)$ を円 $x^2 + y^2 = 1$ のパラメータ表示という．$\mathbb{R}^3$ 内の曲線 C が $C = \{\boldsymbol{x}(t) = (x_1(t), x_2(t), x_3(t)) \mid a \leq t \leq b\}$ と書かれるとき，曲線 C はパラメータ表示されているという．

例 2.1 $r > 0,\ a > 0,\ -\infty < t < \infty$ に対して
$$\boldsymbol{x}(t) = (x_1(t), x_2(t), x_3(t))$$
$$= (r\cos t,\ r\sin t,\ at)$$
は円柱面 $\{(x, y, z) \mid x^2 + y^2 = r^2,\ z \in \mathbb{R}\}$ 上の

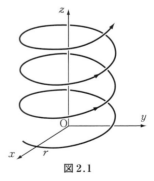

図 2.1

螺旋を表す．$\boldsymbol{x}(t)$ は $(r,0,0)$ を通り，a が大きいと螺旋を z 方向にひきのばすことになる．◇

曲線がパラメータ表示によって与えられているとき，パラメータによって動点の位置が定められるが，動点の運動後の軌跡を求めるためには，$x_1(t)$, $x_2(t)$, $x_3(t)$ からパラメータ t を消去して，$x_1(t)$, $x_2(t)$, $x_3(t)$ の間の関係式を導かなければならない．その関係式を軌道という．

==================== 接線ベクトル

曲線 C が $C = \{\boldsymbol{x}(t) = (x_1(t), x_2(t), x_3(t)) \mid a \leq t \leq b\}$ とパラメータ表示されているとき，$\boldsymbol{x}(t)$ を，原点を始点とするベクトルとみなす．このとき，

$$\dot{\boldsymbol{x}}(t) = \frac{d\boldsymbol{x}}{dt} = \lim_{\Delta t \to 0} \frac{\boldsymbol{x}(t + \Delta t) - \boldsymbol{x}(t)}{\Delta t}$$
$$= (\dot{x}_1(t), \dot{x}_2(t), \dot{x}_3(t)) \tag{2.1}$$

を C の接線ベクトルという．

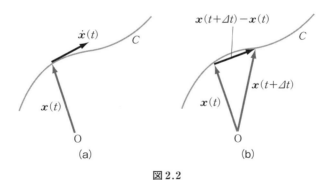

図 2.2

1つの曲線に対して，パラメータ表示は1通りではなく，動点が C 上を速く動くほど，$|\dot{\boldsymbol{x}}(t)|$ は大きくなる．

==================== 軌道の接線とパラメータ微分

関数 $y = f(x)$ を $\{(x,y) \in \mathbb{R}^2 \mid y = f(x),\ x \in \mathbb{R}\}$ と表すとき，点 $(x, y(x))$

での接線の傾きは $\dfrac{dy}{dx} = f'(x)$ で与えられる．グラフ $y = f(x)$ 上の動点 $(x(t), y(t))$ に対して，

$$\frac{dy}{dx} = \frac{dy}{dt}\frac{dt}{dx} = \frac{\dfrac{dy}{dt}}{\dfrac{dx}{dt}} = \frac{\dot{y}(t)}{\dot{x}(t)} \tag{2.2}$$

が成り立つ[*1]．

例 2.2 円 $x^2 + y^2 = 1$ 上の動点 $(x(t), y(t)) = (\cos t, \sin t)$ に対して，
$$\dot{x}(t) = -\sin t = -y(t), \quad \dot{y}(t) = \cos t = x(t)$$
となることより，

$$\frac{dy}{dx} = \frac{\dot{y}(t)}{\dot{x}(t)} = -\frac{x}{y} \tag{2.3}$$

が成り立つ．(2.3) は任意の t で成り立ち，t によらない．(2.3) は軌道に対する方程式となる． ◇

(2.2) より

$$\dot{y}(t) = \frac{dy}{dx}(t)\,\dot{x}(t) \tag{2.4}$$

であるから，

$$\int_0^t \dot{y}(s)\,ds = \int_0^t \frac{dy}{dx}(s)\,\dot{x}(s)\,ds \tag{2.5}$$

置換積分によって

$$\int_{y(0)}^{y(t)} dy = \int_{x(0)}^{x(t)} \frac{dy}{dx}(x)\,dx \tag{2.6}$$

2.2 変数分離の方程式

例 2.3 $y' = 2$ をみたし，$(x, y) = (a, b)$ を通る解

$y'(x) = 2$ をみたす $y(x)$ は，不定積分によって，$y(x) = 2x + C$ (C は任意

[*1] たとえば [30] を参照．

定数) であり，$(x, y) = (a, b)$ より $C = b - 2a$ となり，$y(x)$ は求められる．しかし以下では次のように考える．

> $y' = 2$ はどんな特徴を表しているだろうか？ それは接線の傾きが常に 2 になるグラフを表す．では，このグラフによって x 座標と y 座標はどのように関係づけられるだろう？
> 「点 (a, b) から $y' = 2$ をみたしながら動くグラフ」を考えてみよう．

任意の点 (x, y) で流線の接線の傾きが 2 になっている．$y' = 2$ は $\dfrac{dy}{dx} = 2$ ということから，$dy = 2dx$ が導かれる．これは x の微小移動距離 dx に対する y の微小移動距離 dy の比が $dy : dx = 2 : 1$ だということになる．x が dx 移動するとき y の移動距離 dy は $dy = 2dx$，つまり dx の 2 倍移動することを意味する．

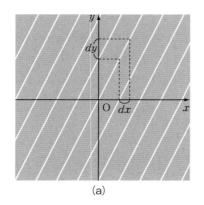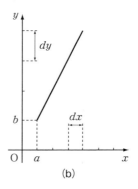

図 2.3

$(x(0), y(0)) = (a, b)$ から $y' = 2$ をみたしながら移動して点 $(x(t), y(t))$ に達したとするとき，(2.6) より，

$$\int_b^{y(t)} dy = \int_a^{x(t)} 2\, dx$$
$$y(t) - b = 2(x(t) - a)$$

よって点 $(x, 2(x - a) + b)$ を通過していくことがわかる．◇

例 2.4 $y' = x$ をみたし，$(x, y) = (a, b)$ を通る解

$y'(x) = x$ をみたす $y(x)$ は，不定積分によって，$y(x) = \frac{1}{2}x^2 + C$ (C は任意定数) であり，$(x, y) = (a, b)$ より $C = b - \frac{1}{2}a^2$ となり，$y(x)$ は求められる．しかし以下では次のように考える．

接線の傾きが x 座標と一致するようなグラフを求める．グラフ $y = \frac{1}{2}x^2$ は x での接線の傾きは常に x になる．このグラフを y 軸方向に平行移動したグラフ $y = \frac{1}{2}x^2 + C$ も $y' = x$ をみたす．このように $y' = f(x)$ の解が 1 つ見つかると，この解のグラフの接線の傾きは x 座標だけで決まり，y 座標の影響は受けないので，y 軸方向に平行移動できる．

$y' = x$ を $\frac{dy}{dx} = x$，すなわち $dy : dx = x : 1$，さらに $dy = x dx$ と思うと，点 (a, b) から接線の傾きが $y' = x$ をみたすように移動していく．接線の傾きは x とともに変化する．$dy = x dx$ とは x 座標の移動距離が dx のとき，y 座標の移動距離 dy は dx の x 倍移動することを意味する．このことから x 座標が大きいほど，一定の移動距離 dx に対して，dy は大きくなることになる．

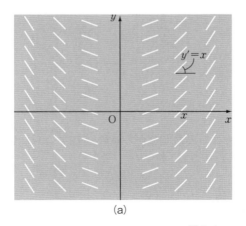
(a)

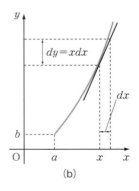
(b)

図 2.4

(2.6) より，
$$\int_b^{y(t)} dy = \int_a^{x(t)} x\, dx$$
$$y(t) - b = \frac{1}{2}x(t)^2 - \frac{1}{2}a^2$$
$$y = \frac{1}{2}x^2 - \frac{1}{2}a^2 + b$$

図 2.4 (b) では $x = a$ から右方向だけ描いたが，左方向にも解いていくことができる． ◇

例 2.5 $y' = y^2$ をみたし，$(x, y) = (a, b)$ を通る解

(2.4) より
$$\dot{y}(t) = y^2(t)\dot{x}(t)$$
であるから，
$$\int_0^t \frac{1}{y^2}(s)\dot{y}(s)\,ds = \int_0^t \dot{x}(s)\,ds$$
よって
$$\int_{y(a)}^{y(x)} \frac{1}{y^2}\,dy = x - a$$
$$-\left(\frac{1}{y(x)} - \frac{1}{y(a)}\right) = x - a \qquad \diamondsuit$$

例 2.6 $y' = x^3 y^2$ をみたし，$(x, y) = (a, b)$ を通る解

一般に $y' = x^3 y^2$ は
$$\frac{dy}{dx} = x^3 y^2$$
$$\frac{1}{y^2}\,dy = x^3\,dx$$
$$\int \frac{1}{y^2}\,dy = \int x^3\,dx$$
$$-\frac{1}{y} = \frac{1}{4}x^4 + C$$

と計算する．どうしてこのように計算してよいのかというと，$\frac{1}{y^2}\frac{dy}{dx} = x^3$ で

あるから，両辺を x で積分するのだが，左辺は置換積分によって，

$$\int \frac{1}{y^2}\frac{dy}{dx}dx = \int \frac{1}{y^2}dy$$

となるからである．しかし以下では，曲線のパラメータ表示を利用する．$y' = x^3 y^2$ と (2.4) より

$$\frac{1}{y^2}(t)\dot{y}(t) = x^3(t)\dot{x}(t)$$

であるから，

$$\int_0^t \frac{1}{y^2}(s)\dot{y}(s)ds = \int_0^t x^3(s)\dot{x}(s)ds$$

よって，

$$\int_{y(0)}^{y(t)} \frac{1}{y^2}dy = \int_{x(0)}^{x(t)} x^3 dx$$

すなわち，接線の傾き $\dfrac{dy}{dx}$ が，$\dfrac{1}{y^2}dy = x^3 dx$ をみたしながら $(x(0), y(0)) = (a, b)$ から移動していく．よって，

$$-\frac{1}{y(t)} + \frac{1}{b} = \frac{1}{4}(x^4(t) - a^4) \qquad \diamondsuit$$

このように $y' = f(x)g(y)$ は

$$\int_b^y \frac{1}{g(s)}ds = \int_a^x f(t)dt \tag{2.7}$$

となるので，あとは両辺の積分を実行すればよい．

(a, b) を通る特解を考えてきたが，一般解に関しては定積分の代わりに原始関数を用いて，

$$\int \frac{1}{g(y)}dy = \int f(x)dx \tag{2.8}$$

となる．(2.8) のように，y だけの関数の y での積分，x だけの関数の x での積分に，右辺と左辺に分けられるように変形できる微分方程式を変数分離形とよぶ．たとえば $y' = y + x$ は $dy = (y + x)dx$ となるが，(2.8) のような形にできないので変数分離形ではない．

> 点 (x, y) での傾き y' が決まると，その点 (x, y) での dx と dy の関係が決まる．このとき x 軸上の微小移動距離 dx に対する y 軸上の微小移動距離 dy が定まる．x が x 軸上を $x = a$ から $x = x_0$ まで移動するとき，すべての点 (x, y) での接線の傾きがわかるならば，y が $y = b$ からどこまで動くかわかり，(a, b) を通って接線に沿って移動するときのグラフがわかる．

$y' = y$ は直線 $y = b$ 上で接線の傾きは一定だった．$y' = x$ では直線 $x = a$ 上で接線の傾きは一定だった．$y' = -\dfrac{x}{y}$ の解は原点中心の円だったが，任意の α に対して，$-\dfrac{x}{y} = \alpha$ をみたすすべての点 (x, y) において，$y' = \alpha$ となる．すなわち，直線 $y = -\dfrac{1}{\alpha}x$ 上で接線の傾きは一定．$y' = x^3 y^2$ では $y' = \alpha$ と一定となるような曲線は，x 座標と y 座標が $x^3 y^2 = \alpha$ をみたしていればよい．すなわち $y = \pm\sqrt{\dfrac{\alpha}{x^3}}$ $\left(\dfrac{\alpha}{x^3} \geq 0\right)$ で接線の傾きは α．

例 2.7 $y' = by(y - a)$ (a, b は定数)

$$\int \frac{1}{y(y-a)} dy = \int b\, dx$$

$$\frac{1}{a}\int \left(\frac{1}{y-a} - \frac{1}{y}\right) dy = b(x + C)$$

$$\log\left|\frac{y-a}{y}\right| = ab(x + C)$$

$$1 - \frac{a}{y} = C_1 e^{abx} \qquad (C_1 = \pm e^{abC})$$

$$y = \frac{a}{1 - C_1 e^{abx}} \qquad \diamondsuit$$

例 2.8 シャーレ内のバクテリア

第 1 章でシャーレ内のバクテリアの増加率を考えたが，(1.1) のように総個体数の増加率 $y'(t)$ は個体数 $y(t)$ に比例することを見た．もし，シャーレ内の

バクテリアの数が十分少なく，エサも豊富にあるとき，$y(t)$ が大きくなれば，$y'(t)$ もその分，大きくなる．(1.1) の解は，a が時刻 t によらない定数であるとき，$y(t) = y(0)e^{at}$ で与えられるので，$a > 0$ のときは，$\lim_{t \to \infty} y(t) = \infty$ からわかるように，個体数はいつまでも限りなく増大していくこととなる．

しかし，バクテリアの数が非常に多く，生存環境が悪化し，エサも不十分であれば，個体数 $y(t)$ が大きいほど，総個体数の増加率 $y'(t)$ は小さくなるはずである．このことより，解が現実を正しく反映していないのは (1.1) が正しくないことによる．そこで，シャーレに生存しうるバクテリア数の上限 N が予想できるとき，

$$y'(t) = ay(t)(N - y(t)) \tag{2.9}$$

という式を立てることができる．この式は変数分離形であり，解は例 2.7 と同様に求められる．

数学では $a, N, y(0)$ がわかっているときに，$y(t)$ を求めるのが問題となるのだが，モデリングでは，ある時刻 t_0 までの $y(t)$ のいくつかがデータとしてわかっているとき，a, N を求めることが目標となることが多い．都市計画の問題，年金制度の問題など，この a, N を予測することが重要となる．

(2.9) の解のグラフはロジスティック曲線とよばれ，技術革新の普及など他のさまざまな事象でも現れる．◇

2.3 積分因子

一般に $(f(x)g(x))' = f'(x)g(x) + f(x)g'(x)$ は高校時代から慣れているが，

$$f'(x)g(x) + f(x)g'(x) = (f(x)g(x))' \tag{2.10}$$

と変形するのはあまり慣れていない．

(A) $(g(x)y(x))' = f(x)$ を解く

両辺を積分すると，$g(x)y(x) = \int f(x)dx + C$ (C は積分定数) となることより，

$$y(x) = \frac{1}{g(x)}\left(\int f(x)dx + C\right) \tag{2.11}$$

と求められる．これは
$$g(x)y'(x) + g'(x)y(x) = f(x) \tag{2.12}$$
という微分方程式を解いたことになっている．

例 2.9
$$xy' + 2y = x^2 \tag{2.13}$$
をみたす $y(x)$ を求めよう．(2.13) の両辺に x を掛けると，
$$(x^2 y(x))' = x^3 \tag{2.14}$$
となるので，(2.14) の両辺を積分して，
$$y(x) = \frac{1}{4}x^2 + \frac{C}{x^2} \tag{2.15}$$
を得る．◇

(B) $(f(y))' = g(x)$ を解く

例 2.10 (1) $2yy' = x^3$ ($f(y) = y^2$, $g(x) = x^3$ の場合)

$y'(x) = \dfrac{x^3}{2y(x)}$ として両辺積分すると $y(x) = \displaystyle\int \dfrac{x^3}{2y(x)} dx$ となるが，分母の $y(x)$ がわからないので，積分計算できない．そこで $2yy' = 2y(x)y'(x) = (y^2(x))'$ ということより，$(y^2)' = x^3$ となるので，$\displaystyle\int (y^2(x))' dx = \int x^3 dx$．よって，
$$y^2(x) = \frac{1}{4}x^4 + C$$

(2) $y' = 2y$ ($f(y) = \log|y|$, $g(x) = 2$ の場合)

$\dfrac{y'}{y} = 2$ となり，$(\log|y(x)|)' = 2$ となることより，$\log|y(x)| = 2x + C$．よって，
$$y(x) = \pm e^{2x+C} = C_1 e^{2x} \qquad (C_1 = \pm e^C) \qquad ◇$$

微分方程式を解くためには一度積分しなければならないが，これから求めようと思っている $y(x)$ の積分 $\displaystyle\int y(x) dx$ は計算できない．被積分関数が「何かの微分」になっていれば，「微分して積分すると，元の関数に戻る」ということから，$y(x)$ を求めることができる．すなわち $\displaystyle\int f(y(x)) dx$ は

22　第 2 章　微分方程式を解いてみよう

> 計算できないが，$\int (f(y(x)))' dx = f(y(x)) + C$ と積分が外れる．

以下では，与えられた微分方程式に，積分因子とよばれるある関数を掛けることによって，微分方程式を $(g(x)y(x))' = f(x)$ という形に帰着する．このとき (2.10) を用いる．

例 2.11　(1)　$y' = y$ を積分因子で解く

$y' = y$ を $y' - y = 0$ として，両辺に e^{-x} を掛けると，
$$e^{-x}y' - e^{-x}y = 0 \tag{2.16}$$
ここで $-e^{-x} = (e^{-x})'$ なので，(2.16) は (2.12) の形になっている．よって (2.16) は (2.10) を使って，
$$(e^{-x}y(x))' = 0$$
となり，$e^{-x}y(x) = C$, すなわち $y(x) = Ce^x$ と求められる．ここで e^{-x} を積分因子という．

(2)　$y' = y + f(x)$ を積分因子で解く

(1) と同様にして，
$$e^{-x}y' - e^{-x}y = e^{-x}f(x)$$
$$(e^{-x}y(x))' = e^{-x}f(x)$$
$$e^{-x}y(x) = \int e^{-x}f(x)\,dx + C$$
ここで C は任意定数．
$$y(x) = Ce^x + e^x \int e^{-x}f(x)\,dx \tag{2.17} \diamondsuit$$

例 2.12　(1)　$y' + xy = 0$ を積分因子で解く

両辺に $e^{\frac{1}{2}x^2}$ を掛けると，$xe^{\frac{1}{2}x^2} = (e^{\frac{1}{2}x^2})'$ であることより，
$$e^{\frac{1}{2}x^2}y' + (e^{\frac{1}{2}x^2})'y = 0$$
すなわち $(e^{\frac{1}{2}x^2}y)' = 0$ となり，$y = Ce^{-\frac{1}{2}x^2}$. $e^{\frac{1}{2}x^2}$ を積分因子という．

(2)　$y' + g(x)y = 0$ を積分因子で解く

両辺に $e^{\int g(x)dx}$ を掛けると，$g(x)e^{\int g(x)dx} = (e^{\int g(x)dx})'$ であることより

$$e^{\int g(x)dx}y' + (e^{\int g(x)dx})'y = 0$$
$$(e^{\int g(x)dx}y)' = 0$$
$$y = Ce^{-\int g(x)dx} \tag{2.18}$$ ◇

例 2.13 (1) $y' + \alpha y = f(x)$ (α は定数) を積分因子で解く

両辺に $e^{\alpha x}$ を掛けて
$$e^{\alpha x}y' + (e^{\alpha x})'y = e^{\alpha x}f(x)$$
$$(e^{\alpha x}y)' = e^{\alpha x}f(x)$$
$$y(x) = e^{-\alpha x}\left(C + \int e^{\alpha x}f(x)\,dx\right) \tag{2.19}$$

(2) $y' + g(x)\,y = f(x)$ を積分因子で解く

(2.18) と同様に
$$(e^{\int g(x)dx}y)' = e^{\int g(x)dx}f(x)$$
$$y(x) = e^{-\int g(x)dx}\left(C + \int e^{\int g(x)dx}f(x)\,dx\right) \tag{2.20}$$

$e^{\int g(x)dx}$ を積分因子という. ◇

例 2.14 積分因子を見つける
$$y' + \alpha y = f(x)$$
の両辺にある関数 $h(x)$ を掛けると,
$$h(x)y' + \alpha h(x)y = h(x)f(x) \tag{2.21}$$
となるが,
$$\alpha h(x) = h'(x) \tag{2.22}$$
となる $h(x)$ を見つけることができれば (2.21) は
$$(h(x)y(x))' = h(x)f(x)$$
となることより
$$y(x) = \frac{1}{h(x)}\left(\int h(x)f(x)\,dx + C\right) \tag{2.23}$$
と解ける. ここで
$$h(x)y' + \alpha h(x)y = (h(x)y(x))'$$
をみたす $h(x)$ を積分因子という. $h(x)$ は (2.22) から求められる. (2.22) は

変数分離形で $h(x) = Ce^{\alpha x}$ となるが，$h(x)$ は 1 つ見つかればよいので，$h(x) = e^{\alpha x}$ とすればよい． ◇

2.4 同次形の方程式

例 2.15 $y' = \dfrac{y}{x} + 1$ を解く

これは $y' = f(x)g(y)$ の形をしていない．すぐに解いていってもよいが，解き始める前に方程式の特徴を調べておこう．(そうすることで解き方が変わってくることもあるし，解き方の意味もわかるようになるであろう．)

> $y'(x)$ はグラフ上の点 (x, y) におけるグラフの接線の傾きであり，$\dfrac{y}{x}$ は x 座標に対する y 座標の比を表す．$\theta(x) = \dfrac{y(x)}{x}$ と表すと，$\theta(x)$ は原点と点 $(x, y(x))$ を通る直線と x 軸のなす角を表す．
>
> $y' = \dfrac{y}{x} + 1$ を解け，というのは，$y'(x)$ と $\theta(x)$ がすべての x について $y'(x) = \theta(x) + 1$ となるようなグラフを求めよ，ということである．

$y' = \dfrac{y}{x} + 1$ を $\theta(x)$ と x の方程式で表してみる．$\theta(x) = \dfrac{y(x)}{x}$ なので，
$$y(x) = x\theta(x) \tag{2.24}$$
となることより，
$$y'(x) = x\theta'(x) + \theta(x) \tag{2.25}$$
となるので，$y' = \dfrac{y}{x} + 1$ は
$$x\theta' + \theta = \theta + 1$$
$$\theta' = \frac{1}{x} \tag{2.26}$$
となる．(2.26) を解いて $\theta(x)$ が求まれば (2.24) より，$y(x)$ は求められる．(2.26) を解いて，

$$\theta(x) = \int \frac{1}{x}dx = \log|x| + C$$

よって，

$$y(x) = x(\log|x| + C) \qquad \diamond$$

このように θ と x の方程式に変形できる方程式

$$y' = f\left(\frac{y}{x}\right)$$

を同次形の方程式という．

(x, y) に関する方程式と (x, θ) に関する方程式

点 (x, y) が $y'(x) = f(x, y)$ をみたしながら，点 (a, b) から運動するときのグラフ $(x, y(x))$ を求める問題は

$$\begin{cases} y' = f(x, y) \\ y(a) = b \end{cases}$$

の解を求める問題として定式化される．一方，次のような問題を考えることができる．点 (x, y) の運動を原点で観測する．観測者は点 (x, y) と x 軸のなす角 $\theta = \dfrac{y}{x}$ のみを観測するものとする．初期点 $(x, y) = (a, b)$ に対する初期角度は $\theta(a) = \dfrac{b}{a}$ で与えられる．角度 θ に関する微分方程式が得られており，それを解くことができ，$\theta(x)$ を求めることができるとき，$y(x)$ は $y(x) = x\theta(x)$ で与えられるので，グラフ $(x, y(x))$ を求めることができる．たとえば，

$$\begin{cases} \theta' = f(x) \\ \theta(a) = \dfrac{b}{a} \end{cases} \qquad (2.27)$$

が成り立っているとき，$\theta(x)$ は

$$\theta(x) = \frac{b}{a} + \int_a^x f(t)\,dt \qquad (2.28)$$

で与えられる．$\theta' = f(x)$ より $x\theta' + \theta = xf(x) + \theta$ であるから，(2.25) より，(2.27) は

と同値となる．よって (2.29) の解は (2.28) の $\theta(x)$ に対して，$y(x) = x\theta(x)$ で与えられる．同様に変数分離形の方程式

$$\theta' = f(\theta)g(x)$$

の一般解 $\theta(x)$ が求められるとき，同値な方程式

$$y' = xg(x)f\left(\frac{y}{x}\right) + \frac{y}{x}$$

の一般解は求められる．

例 2.16 $y' = \dfrac{x^2 + y^2}{xy}$

これも変数分離形になっていない．

$$y' = \frac{x^2 + y^2}{xy} = \frac{1 + \left(\dfrac{y}{x}\right)^2}{\dfrac{y}{x}}$$

よって，(2.25) より，

$$x\theta' + \theta = \frac{1 + \theta^2}{\theta}$$

これは変数分離形で，

$$\int \theta\, d\theta = \int \frac{1}{x} dx$$

$$\frac{1}{2}\theta^2 = \log|x| + C$$

（積分定数は両辺から出るが，まとめて C としている．）よって，
$$y(x) = \pm x\sqrt{2(\log|x| + C)}$$
なお，(1.2) も同次形の方程式である． ◇

2.5 定数変化法

(A) $y' = y + a$ を定数変化法で解く

> 右辺から a をとると解は $y = Ce^x$ となるが，a がついたら，Ce^x から多少ずれたところに解は見つけられるのではないかと考えてみる．そこで任意定数 C が定数にならず，$C(x)$ という関数になるのではないかと，予測してみる．
>
> すなわち解を
> $$y(x) = C(x)e^x \qquad (2.30)$$
> という形に仮定して，$C(x)$ を求めようとするのが，定数変化法とよばれる技法である．

(2.30) を $y' = y + a$ に代入して

$$(C(x)e^x)' = C(x)e^x + a$$
$$C'(x)e^x + C(x)e^x = C(x)e^x + a$$
$$C'(x) = ae^{-x} \qquad (2.31)$$

よって，$C(x) = -ae^{-x} + C_1$ となり，解は

$$y(x) = (-ae^{-x} + C_1)e^x$$
$$= -a + C_1 e^x$$

(なお，$y' = y + a$ は $(y+a)' = y + a$ であることより，$\tilde{y} = y + a$ に対して，$\tilde{y}' = \tilde{y}$ となることより，定数変化法を用いなくても解は求められる．)

(B) $y' = y + f(x)$ を定数変化法で解く

(A) の a の代わりに $f(x)$ としたのだから (2.31) を見て

$$C(x) = \int f(x)e^{-x} dx + C_1$$

となることがわかる．よって，

$$y(x) = \left(\int f(x)e^{-x}dx + C_1\right)e^x \qquad (2.32)$$

これは (2.20) で $g(x) = -1$ としたものと一致している．

(C) $y' = g(x)y + f(x)$ を定数変化法で解く

右辺の $f(x)$ がないとき，$y' = g(x)y$ の解は (2.18) と同様

$$y(x) = Ce^{\int g(x)dx}$$

とわかる．そこで，

$$y(x) = C(x)e^{\int g(x)dx} \qquad (2.33)$$

とおいて $y' = g(x)y + f(x)$ に代入して

$$C'(x)e^{\int g(x)dx} + C(x)\left(e^{\int g(x)dx}\right)' = g(x)C(x)e^{\int g(x)dx} + f(x)$$

$$C'(x)e^{\int g(x)dx} = f(x)$$

$$C(x) = \int f(x)e^{-\int g(x)dx}dx + C_1$$

となり，(2.33) より，

$$y(x) = \left(\int f(x)e^{-\int g(x)dx}dx + C_1\right)e^{\int g(x)dx} \qquad (2.34)$$

注意 定数変化法では $y' = g(x)y + f(x)$ の中の $g(x)y$ の項が必ず打ち消し合う．別の方程式に定数変化法を使用しようとするとき，打ち消し合わないときは，この手法は有効ではない[*2]．

2.6 解の重ね合わせと初期値問題

平面上の与えられた一点を通過する解を求める問題を初期値問題という．微分方程式の 2 つの一般解があるとき，その 2 つの一般解の線形結合もまた解となるような方程式について，その初期値問題を考察する．

$y' + 3y = 0$ の一般解 $y(x) = Ce^{-3x}$ で，$C = 2, 5$ のときの解，$y_1(x) = 2e^{-3x}$, $y_2(x) = 5e^{-3x}$ に対して $(y_1 + y_2)(x) = 7e^{-3x}$ も解となる．このように

[*2] 特に非線形方程式では一般にうまくいかない．(なお線形方程式とは後出の (2.43) のことである．)

2.6 解の重ね合わせと初期値問題

解が具体的にわかれば，解と解の和も解になるかは，方程式に代入して確かめればよい．

> では $y' + x^2 y = 0$ の解 y_1, y_2 に対して $y_1 + y_2$ は $y' + x^2 y = 0$ の解になるだろうか．y_1, y_2 が具体的に求められていないときでも，$y_1' + x^2 y_1 = 0$, $y_2' + x^2 y_2 = 0$ が成り立つことにより，2つの方程式を足すことにより，
> $$(y_1 + y_2)' + x^2(y_1 + y_2) = 0$$
> となり，$(y_1 + y_2)(x)$ も解となる．このように，解 y_1, y_2 に対して線形結合 $\alpha y_1 + \beta y_2$ も解となるとき，解の重ね合わせができるという．このようなことは，どんな方程式でもできるわけではない．

$y' + \alpha y = 0$ の解で，点 (a, b) を通るものを求めることを
$$\begin{cases} y' + \alpha y = 0 \\ y(a) = b \end{cases}$$
を解くといい，$y(a) = b$ を初期値または初期条件という．初期条件つきの微分方程式の解を求めることを初期値問題という．(流線で，花びらを落とす点を指定するのが初期条件になっている．)

例 2.17 2つの初期値問題
$$\begin{cases} y' + 3y = 0 \\ y(0) = 2 \end{cases}$$
$$\begin{cases} y' + 3y = 0 \\ y(0) = 5 \end{cases}$$
の解をそれぞれ，y_1, y_2 とすると y_1, y_2 を重ね合わせた $y_3 = y_1 + y_2$ は
$$\begin{cases} y' + 3y = 0 \\ y(0) = 7 \end{cases}$$
の解になる．花びらを落とす位置が二点あり，その流線2本がわかっているとき，落とす位置の和が流線の和を与える．

なお，$y' + 3y = 1$ の解は重ね合わせができない．　◇

一般解と特解

　一般解には任意定数 C が入っていて，C を動かすことによって，xy 平面を覆うことができるとき，解の通る点 (a,b) が1つ与えられているとき，C が定まり，グラフが1本に定まり，これを特解という．このように一般解を求めておけば，初期条件（通る点）が変化しても直ちに対応できる．しかし，たとえばコンピュータによる数値計算によって，微分方程式を近似的にみたすグラフを描かせようとするとき，初期条件が変わるたびにコンピュータは最初から計算し直すこととなる．数値計算による解は特解である．（複雑な方程式では，ある特定の点を通る特解は求められるが，一般解を求められないことがある．）

---

(1)
$$\begin{cases} y' + g(x)y = 0 \\ y(a) = b \end{cases} \tag{2.35}$$

の解は

$$y(x) = b e^{-\int_a^x g(t)dt} \tag{2.36}$$

　(2.18) で一般解がわかっているが，$\int g(x)dx$ は $g(x)$ の原始関数なので，積分区間を定め，

$$y(x) = C_0 e^{-\int_a^x g(t)dt}$$

とし，$y(a) = b$ をみたすように C_0 を定めればよい．$\int_a^a g(t)dt = 0$ より $C_0 = b$ となる．

---

(2)
$$\begin{cases} y' + \alpha y = f(x) \\ y(a) = b \end{cases} \tag{2.37}$$

の解は

$$y(x) = e^{-\alpha x}\left(\int_a^x e^{\alpha t}f(t)dt + be^{\alpha a}\right) \tag{2.38}$$

　(2.19) で積分区間を a からとし，

$$y(x) = e^{-\alpha x}\left(\int_a^x e^{\alpha t}f(t)\,dt + C_0\right) \qquad (2.39)$$

に $x = a$ を代入し

$$y(a) = e^{-\alpha a}\left(\int_a^a e^{\alpha t}f(t)\,dt + C_0\right)$$
$$= e^{-\alpha a}C_0 = b$$

によって C_0 を定める.

---

(3)
$$\begin{cases} y' + g(x)y = f(x) \\ y(a) = b \end{cases} \qquad (2.40)$$

の解は

$$y(x) = e^{-\int_a^x g(t)dt}\left(\int_a^x e^{\int_a^s g(t)dt}f(s)\,ds + b\right) \qquad (2.41)$$

(2.20) は一般解だが,積分の中に積分があってわかりにくい.積分因子を $e^{\int_a^x g(t)dt}$ とすると (2.20) は

$$y(x) = e^{-\int_a^x g(t)dt}\left(\int_a^x e^{\int_a^s g(t)dt}f(s)\,ds + C_0\right)$$

となるので $x = a$ を代入すると,

$$y(a) = e^{-\int_a^a g(t)dt}\left(\int_a^a e^{\int_a^a g(t)dt}f(s)\,ds + C_0\right)$$
$$= C_0 = b$$

2.7 斉次方程式と非斉次方程式

$$y^{(n)} + a_1 y^{(n-1)} + \cdots + a_{n-1}y' + a_n y = 0 \qquad (2.42)$$

を n 階線形微分方程式という.なお,係数 $a_1, a_2, \cdots, a_n$ が定数のとき,定数係数微分方程式といい,$a_1(x), a_2(x), \cdots, a_n(x)$ のように x の関数になっているとき,変数係数微分方程式という.変数係数であっても線形方程式である.

$f(x) \not\equiv 0$ に対して

第2章 微分方程式を解いてみよう

$$y^{(n)} + a_1 y^{(n-1)} + \cdots + a_n y = f(x) \tag{2.43}$$

を非斉次方程式（または非同次方程式）といい，(2.42) を (2.43) の斉次方程式（または同次方程式）という．(2.42) が線形であることから，(2.43) も線形方程式であるということが多い．たとえば，(2.40) は1階線形変数係数非斉次方程式の初期値問題ということになる．

(2.37) の解は (2.38) より

$$y_1(x) = be^{\alpha a} e^{-\alpha x}, \quad y_2(x) = e^{-\alpha x} \int_a^x e^{\alpha t} f(t) \, dt \tag{2.44}$$

に対して，$(y_1 + y_2)(x)$ になっている．$y_1(x)$ は

$$\begin{cases} y' + \alpha y = 0 \\ y(a) = b \end{cases} \tag{2.45}$$

の解であり，$y_2(x)$ は

$$\begin{cases} y' + \alpha y = f(x) \\ y(a) = 0 \end{cases} \tag{2.46}$$

の解になっている．このことは，(2.37) を解くという問題が，(2.45) と (2.46) を解くという問題に分解されたことになっている．(2.45) は (2.37) で，$f(x) = 0$ という場合であり，(2.46) は (2.37) で $b = 0$ という場合なので，より簡単な2つの問題に置き換えられたことになる．(2.44) のように，y_1, y_2 が具体的にわかっていなくても，(2.45) の解 y_1 と (2.46) の解 y_2 に対して

$$(y_1 + y_2)' + \alpha(y_1 + y_2) = (y_1' + \alpha y_1) + (y_2' + \alpha y_2)$$
$$= 0 + f(x)$$
$$(y_1 + y_2)(a) = y_1(a) + y_2(a) = b + 0$$

となることより，$y_1 + y_2$ は (2.37) の解になっている．つまり (2.37) の解は (2.45) と (2.46) の解の重ね合わせになっている．

(2.44) の y_1, y_2 は特解であるが，b を任意に動かすことによって，$C_0 = be^{\alpha a}$ も任意の値をとり，y_1 は一般解となる．a は固定しておくので，$y_2(x)$ は変化せず，1つの特解である．このとき，$(y_1 + y_2)(x)$ は $y' + \alpha y = f(x)$ の一般解となる．このことより，

> 非斉次方程式の一般解 ＝ 斉次方程式の一般解 ＋ 非斉次方程式の特解

すなわち，非斉次方程式の解で xy 平面を覆いつくすには，斉次方程式のあらゆる解と非斉次方程式の1つの解を用意すればよい．これは線形方程式の特徴の1つになっている．これは (2.40) でも成り立っていて，(2.41) は (2.40) で $f(x) = 0$ としたときの解と (2.40) で $b = 0$ としたときの解の重ね合わせになっている．

II
2階常微分方程式の解法

第3章 $y'' + ay' + by = f(x)$ の初期値問題を定数変化法で解く

第4章 微分演算子による解法

第5章 変数係数微分方程式

第3章

$y''+ay'+by=f(x)$ の初期値問題を定数変化法で解く

$y'' + ay' + by = f(x)$ の形をした方程式の解法には定数変化法と微分演算子法の2つがあり，この章では定数変化法を用い，次章では微分演算子法を用いて解く．

3.1 $y'' + ay' + by = 0$ を解く

例3.1 $y = e^{2x}$ は $y' = 2y$ の解になっている．$(e^{2x})'' = 4e^{2x}$ となることより，$y = e^{2x}$ は $y'' = 4y$ の解にもなっている．また，
$$(e^{2x})'' - 4(e^{2x})' + 4e^{2x} = e^{2x}(4 - 8 + 4) = 0$$
となることより，$y = e^{2x}$ は
$$y'' - 4y' + 4y = 0 \tag{3.1}$$
の解でもある．またさらに
$$(e^{2x})'' - 5(e^{2x})' + 6e^{2x} = e^{2x}(4 - 10 + 6) = 0$$
より
$$y'' - 5y' + 6y = 0 \tag{3.2}$$
の解でもある．実は $y = e^{3x}$ も (3.2) の解であることがわかる．そこで $y = e^{px}$ を (3.2) に代入してみると，
$$(e^{px})'' - 5(e^{px})' + 6e^{px} = e^{px}(p^2 - 5p + 6) = 0$$
となり，$e^{px} \neq 0$ なので，$p^2 - 5p + 6 = (p-2)(p-3) = 0$ となる．(3.2) は線形方程式であり，任意の A, B に対して，$Ae^{2x} + Be^{3x}$ は (3.2) の解とな

る．◇

a, b は定数とするとき，
$$y'' + ay' + by = 0 \tag{3.3}$$
に対して，
$$p^2 + ap + b = 0 \tag{3.4}$$
を (3.3) の特性方程式という．(3.4) をみたす p について $y = e^{px}$ は (3.3) の解となる．特性方程式 (3.4) の解は
$$p = \frac{-a \pm \sqrt{a^2 - 4b}}{2} \tag{3.5}$$
で与えられる．

(3.5) をみたす p_1, p_2 に対して，(3.3) の解は
(1) $p_1, p_2 \in \mathbb{R}, \ p_1 \neq p_2 \iff a^2 - 4b > 0$
(2) $p_1, p_2 \notin \mathbb{R} \iff a^2 - 4b < 0$ $\qquad$ (3.6)
(3) $p_1 = p_2 \in \mathbb{R} \iff a^2 - 4b = 0$
で異なってくる．

---

(1) $p_1, p_2 \in \mathbb{R}, \ p_1 \neq p_2$ の場合

$y_1 = e^{p_1 x}, y_2 = e^{p_2 x}$ は解となり，任意の A, B に対して $Ay_1 + By_2$ も解となる[*1]．

さて，(3.3) の初期値問題を考える．一般解 $Ay_1 + By_2$ は任意定数を 2 つもっている．A と B が定まらなければ解は 1 つに定まらない．点 (x_0, y_0) を通る解を探してみる．
$$(Ay_1 + By_2)(x_0) = Ae^{p_1 x_0} + Be^{p_2 x_0} = y_0 \tag{3.7}$$
をみたす A, B はこれだけでは定まらない．たとえば，2 次曲線では，ある一点を通るという条件では 2 次曲線は定まらず，別のもう一点を通るという条件を

[*1] 一般に微分方程式の解 $y_1(x), y_2(x)$ があるとき，$y_1(x), y_2(x)$ が互いに他の定数倍になっていないとき，y_1, y_2 は独立であるという．一般に線形微分方程式は階数と同じ数の独立な解をもつ．なお，3 つ以上の解が独立であるとは，任意の 1 つの解が残りの解の線形結合で表せないことである．

与えれば，1本に定まる．または，ある一点を通り，そこでの接線の傾きを指定しても1本に定まる．同様に (3.3) の初期条件として，

$$y(x_0) = y_0, \quad y'(x_0) = r \tag{3.8}$$

を課す．すると，

$$(Ay_1 + By_2)'(x_0) = Ay_1'(x_0) + By_2'(x_0)$$
$$= Ap_1 e^{p_1 x_0} + Bp_2 e^{p_2 x_0} = r \tag{3.9}$$

(3.7) と (3.9) によって A と B は定まる．$y_1 = e^{p_1 x}$, $y_2 = e^{p_2 x}$ を (3.3) の基本解という．

(2) $p_1, p_2 \notin \mathbb{R}$ の場合

この場合は結論からいうと，そもそも解を e^{px} という形で求めようとしたことにやや無理があったといえる．たとえば (3.3) で $a = 0$, $b = 1$ とすると $y'' = -y$ となるが，これは，2回微分するともとの関数を -1 倍した関数を求めることになる．そのような y は $\sin x$, $\cos x$ だとわかる．よって一般解は $A \sin x + B \cos x$ だとわかる．しかし以下では $e^{px}, p \in \mathbb{C}$ という解を考察してみる．

(3.5) において，$a^2 - 4b < 0$ の場合，p は複素数

$$p_1 = -\frac{a}{2} + \frac{\sqrt{4b - a^2}}{2} i, \quad p_2 = -\frac{a}{2} - \frac{\sqrt{4b - a^2}}{2} i$$

となる．このとき一般解は $Ae^{p_1 x} + Be^{p_2 x}$ と書くことができるがオイラーの公式

$$e^{i\theta} = \cos \theta + i \sin \theta$$

を利用する．$\omega = \dfrac{\sqrt{4b - a^2}}{2} > 0$ とすると，

$$Ae^{p_1 x} + Be^{p_2 x} = e^{-\frac{a}{2}x}(Ae^{i\omega x} + Be^{-i\omega x})$$
$$= e^{-\frac{a}{2}x}\{A(\cos \omega x + i \sin \omega x) + B(\cos \omega x - i \sin \omega x)\}$$
$$= Ce^{-\frac{a}{2}x} \cos \omega x + De^{-\frac{a}{2}x} \sin \omega x$$

ただし，

$$C = A + B, \quad D = (A - B)i$$

である．ここで，
$$y_1 = e^{-\frac{a}{2}x} \cos \omega x, \qquad y_2 = e^{-\frac{a}{2}x} \sin \omega x \qquad (3.10)$$
は独立な解であり，y_1, y_2 は複素数を含んでいない．(3.10) を (3.3) の基本解という．

(3) $p_1 = p_2 \in \mathbb{R}$ の場合

$$y'' - 2\alpha y' + \alpha^2 y = 0 \qquad (3.11)$$

の 1 つの解 $y = e^{\alpha x}$ はすぐにわかるが，特性方程式が $(p - \alpha)^2 = 0$ となるため $y = e^{px}$ と書ける解は他に見つからないこととなる．しかし，他に解がないということではない．$y_1(x) = e^{\alpha x}$ とするとき，もう 1 つの解 $y_2(x)$ は e^{px} という形をしていない．$y_2(x)$ を定数変化法で探してみる．

$y_2(x) = C(x) y_1(x)$ とし，$y_2(x)$ が (3.11) の解となるための $C(x)$ を求める．

$$y_2' = C' y_1 + C y_1'$$
$$y_2'' = C'' y_1 + 2 C' y_1' + C y_1''$$

となるので，(3.11) に代入して

$$(C'' y_1 + 2 C' y_1' + C y_1'') - 2\alpha (C' y_1 + C y_1') + \alpha^2 C y_1 = 0$$

これを C を求めるための微分方程式と思い，

$$y_1 C'' + 2(y_1' - \alpha y_1) C' + (y_1'' - 2\alpha y_1' + \alpha^2 y_1) C = 0 \qquad (3.12)$$

ここで，y_1 は (3.11) の解なので，$y_1'' - 2\alpha y_1' + \alpha^2 y_1 = 0$ であり，また，$y' - \alpha y = 0$ の解でもあることより，$y_1' - \alpha y_1 = 0$．よって，(3.12) は $C'' = 0$ となる．よって，$C = A + Bx$ となり，

$$y_2(x) = (A + Bx) e^{\alpha x}$$
$$= A e^{\alpha x} + B x e^{\alpha x}$$

となるが，$e^{\alpha x}$ は y_1 なので，$y_2 = x e^{\alpha x}$ とすると y_1 と y_2 は独立で，(3.11) の一般解は $A y_1 + B y_2$ となる．ここでは，$e^{\alpha x}$ と $x e^{\alpha x}$ が (3.3) の基本解となる．

(3.3) の一般解は
(1) $a^2 - 4b > 0$ のとき，$p_1, p_2 \in \mathbb{R}$，$p_1 \neq p_2$ となり，
$$y(x) = A e^{p_1 x} + B e^{p_2 x}$$

(2) $a^2 - 4b < 0$ のとき，$p_1, p_2 \notin \mathbb{R}$ となり，
$$y(x) = Ae^{-\frac{a}{2}x}\cos\omega x + Be^{-\frac{a}{2}x}\sin\omega x, \quad \omega = \frac{\sqrt{4b-a^2}}{2}$$

(3) $a^2 - 4b = 0$ のとき，$p_1 = p_2 \in \mathbb{R}$ となり，
$$y(x) = Ae^{p_1 x} + Bxe^{p_1 x}$$

3.2　$y'' + ay' + by = f(x)$ を解く（定数変化法による解法）

初期値問題
$$\begin{cases} y'' + ay' + by = f(x) \\ y(0) = \alpha, \quad y'(0) = \beta \end{cases} \tag{3.13}$$

の解 y は
$$\begin{cases} y'' + ay' + by = 0 \\ y(0) = \alpha, \quad y'(0) = \beta \end{cases} \tag{3.14}$$

$$\begin{cases} y'' + ay' + by = f(x) \\ y(0) = 0, \quad y'(0) = 0 \end{cases} \tag{3.15}$$

のそれぞれの解 y_1, y_2 に対して，$y = y_1 + y_2$ で与えられる．以下では y_2 の求め方を考察する．

$$y'' + ay' + by = f(x) \tag{3.16}$$

を解くためにまず，斉次方程式 $y'' + ay' + by = 0$ の基本解 y_1, y_2 を求めておく．この斉次方程式の一般解は $y = Ay_1 + By_2$ （A, B は任意定数）と書くことができる．そこで非斉次方程式 (3.16) の解を
$$y = A(x)y_1 + B(x)y_2 \tag{3.17}$$
とおいて，$A(x), B(x)$ のみたす条件を求めて，$A(x), B(x)$ を求めてみる．

(3.17) を微分して，y', y'' を計算して，(3.16) に代入するのだが，そのままストレートにやるとだいぶ難しくなってしまう．というのは，(3.17) を微分して

3.2 $y'' + ay' + by = f(x)$ を解く（定数変化法による解法）

$$y' = Ay_1' + By_2' + A'y_1 + B'y_2 \tag{3.18}$$

これをそのままもう一度微分すると A'', B'' がでてきて，A, B を求めるためには，A と B の 2 階微分方程式を解く必要が生じてしまう．そこで (3.18) において，

$$A'y_1 + B'y_2 = 0 \tag{3.19}$$

という条件を $A(x)$ と $B(x)$ に課すことにする．すると，

$$y' = Ay_1' + By_2' \tag{3.20}$$

を微分することにより，

$$y'' = Ay_1'' + By_2'' + A'y_1' + B'y_2' \tag{3.21}$$

(3.20), (3.21) を方程式 (3.16) に代入して，

$$(Ay_1'' + By_2'' + A'y_1' + B'y_2') + a(Ay_1' + By_2') + b(Ay_1 + By_2) = f$$

ここで，y_1 の項，y_2 の項をまとめると，

$$\{A(y_1'' + ay_1' + by_1) + A'y_1'\} + \{B(y_2'' + ay_2' + by_2) + B'y_2'\} = f$$

ここで，

$$y_1'' + ay_1' + by_1 = 0, \quad y_2'' + ay_2' + by_2 = 0$$

だったから，結局，

$$A'y_1' + B'y_2' = f \tag{3.22}$$

となり，$A(x), B(x)$ のみたすべき条件式は，(3.19), (3.22) より，

$$\begin{cases} A'y_1 + B'y_2 = 0 \\ A'y_1' + B'y_2' = f \end{cases} \tag{3.23}$$

となった．行列で書くと，

$$\begin{pmatrix} y_1 & y_2 \\ y_1' & y_2' \end{pmatrix} \begin{pmatrix} A' \\ B' \end{pmatrix} = \begin{pmatrix} 0 \\ f \end{pmatrix}$$

ここで，

$$\begin{pmatrix} y_1 & y_2 \\ y_1' & y_2' \end{pmatrix}^{-1} = \frac{1}{y_1 y_2' - y_1' y_2} \begin{pmatrix} y_2' & -y_2 \\ -y_1' & y_1 \end{pmatrix} \tag{3.24}$$

ここで，

$$W = \begin{vmatrix} y_1 & y_2 \\ y_1' & y_2' \end{vmatrix} = y_1 y_2' - y_1' y_2 \tag{3.25}$$

(W はロンスキー行列式,またはロンスキアンという)を使うと,

$$\begin{pmatrix} A' \\ B' \end{pmatrix} = \frac{1}{W} \begin{pmatrix} y_2' & -y_2 \\ -y_1' & y_1 \end{pmatrix} \begin{pmatrix} 0 \\ f \end{pmatrix} = \frac{1}{W} \begin{pmatrix} -f(x)y_2 \\ f(x)y_1 \end{pmatrix}$$

となる.積分して,

$$A(x) = -\int \frac{f(x)y_2(x)}{W(x)} dx + C_1$$

$$B(x) = \int \frac{f(x)y_1(x)}{W(x)} dx + C_2$$

(3.15) の解は

$$\tilde{y}(x) = -\int_0^x \frac{f(t)y_2(t)}{W(t)} dt \cdot y_1(x) + \int_0^x \frac{f(t)y_1(t)}{W(t)} dt \cdot y_2(x) \tag{3.26}$$

で与えられる.$\tilde{y}(0) = 0$ は明らかであり,(3.20) より

$$\tilde{y}'(x) = -\int_0^x \frac{f(t)y_2(t)}{W(t)} dt \cdot y_1'(x) + \int_0^x \frac{f(t)y_1(t)}{W(t)} dt \cdot y_2'(x)$$

であるから,$\tilde{y}'(0) = 0$ である.

$y'' + ay' + by = f$ の一般解は,
$$y(x) = \tilde{y}(x) + C_1 y_1 + C_2 y_2 \tag{3.27}$$
となる.$\tilde{y}(x)$ は,非斉次方程式の特解であり,残りの 2 項は斉次方程式の一般解である.

初期値問題 (3.13) の解は

$$\begin{cases} \alpha = C_1 y_1(0) + C_2 y_2(0) \\ \beta = C_1 y_1'(0) + C_2 y_2'(0) \end{cases} \tag{3.28}$$

をみたすようにすればよいことがわかる.

(3.6) のように,$p_1, p_2 \in \mathbb{R}$ のとき,$p_1 \neq p_2$ と $p_1 = p_2$ の場合で考える. (3.27) は

$$y(x) = \int_0^x f(t) \frac{-y_1(x)y_2(t) + y_2(x)y_1(t)}{W(t)} dt + C_1 y_1(x) + C_2 y_2(x) \tag{3.29}$$

と書ける.

(i) $p_1 \neq p_2$ の場合, $y_1 = e^{p_1 x}$, $y_2 = e^{p_2 x}$ に対して, $W(t) = (p_2 - p_1)e^{(p_1+p_2)t}$ であるから,

$$\frac{-y_1(x)y_2(t) + y_2(x)y_1(t)}{W(t)} = \frac{1}{p_2 - p_1}(-e^{p_1(x-t)} + e^{p_2(x-t)}) \tag{3.30}$$

(ii) $p_1 = p_2$ の場合, $y_1 = e^{p_1 x}$, $y_2 = xe^{p_1 x}$ に対して, $W(t) = e^{2p_1 t}$ であるから,

$$\frac{-y_1(x)y_2(t) + y_2(x)y_1(t)}{W(t)} = (x-t)e^{p_1(x-t)} \tag{3.31}$$

となる.

なおこの方法は

$$y'' + p(x)y' + q(x)y = f(x)$$

を解くとき,

$$y'' + p(x)y' + q(x)y = 0 \tag{3.32}$$

の基本解がわかっていれば, 全く同様に使うことができる. ただし, (3.32) は変数係数微分方程式で, 一般的な解法はない. (このことは後述する.)

第4章

微分演算子による解法

「$y(x)$ の点 x での微分」というときは，関数 $y(x)$ のグラフ上の一点 x での接線の傾きであり，微係数を意味する．「$y(x)$ の導関数」というときは，微分を一点だけではなく，区間や $\mathbb{R}$ 全体などで考える．「$y(x)$ を微分する」というのは導関数を求めるという行為，命令である．$y(x)$ の導関数を $\dfrac{dy}{dx}(x)$ と書き，$y(x)$ を微分することを $\dfrac{d}{dx}y$ と書く．つまり $\dfrac{d}{dx}$ は関数 $y(x)$ に対して，導関数 $\dfrac{dy}{dx}(x)$ を対応させる作用素である．

以下では $\dfrac{d}{dx}$ を D と書く．$Dy = \dfrac{d}{dx}y$ である．D を微分作用素または微分演算子とよぶ．

4.1 微分方程式を微分演算子の積で表す

> $y'' - 5y' + 6y = 0$ の独立な解は $y = e^{2x}, e^{3x}$ であった．$y = e^{2x}$ は $y' - 2y = 0$ の解でもあり，$y = e^{3x}$ は $y' - 3y = 0$ の解でもある．では，$y'' - 5y' + 6y = 0$ と $y' - 2y = 0$, $y' - 3y = 0$ の間に何か関係があるだろうか．

$y'' - 5y' + 6y = 0$ の特性方程式は $p^2 - 5p + 6 = (p-2)(p-3) = 0$ で，$y' - 2y = 0$, $y' - 3y = 0$ の特性方程式はそれぞれ $p - 2 = 0$, $p - 3 = 0$ と

なっている．以下では $y'' - 5y' + 6y = 0$ を $y' - 2y = 0$, $y' - 3y = 0$ に分解するということを考える．

$y' - 2y = Dy - 2y = (D-2)y$ と書く．ここで $D-2$ の「2」は「y を2倍せよ」という命令を意味する．よって $D-2$ は「関数を微分したものから2倍した関数を引きなさい」という命令を意味する．

=================== $y'' - 5y' + 6y = 0$ を微分演算子で解く

$$y'' - 5y' + 6y = D^2 y - 5Dy + 6y$$
$$= (D^2 - 5D + 6)y$$

と書く．ここで $D^2 y = D(Dy) = \dfrac{d}{dx}\left(\dfrac{d}{dx}y\right) = \dfrac{d^2}{dx^2}y$ で，y を2回微分せよという命令であり，微分せよという命令を2回繰り返している．一方，y に $D-2$ という命令をしてから $D-3$ という命令をすることができる．

$$(D-3)((D-2)y) = (D-3)(y' - 2y)$$
$$= D(y' - 2y) - 3(y' - 2y)$$
$$= y'' - 2y' - 3y' + 6y$$
$$= (D^2 - 5D + 6)y$$

すなわち
$$D^2 - 5D + 6 = (D-3)(D-2) = (D-2)(D-3)$$
となることがわかる．

さて，$y_1 = e^{2x}$, $y_2 = e^{3x}$ とすると
$$(D-2)y_1 = 0, \quad (D-3)y_2 = 0$$
となる．すると，
$$(D^2 - 5D + 6)y_1 = (D-3)(D-2)y_1$$
$$= (D-3)0 = 0$$
$$(D^2 - 5D + 6)y_2 = (D-2)(D-3)y_2$$
$$= (D-2)0 = 0$$

このように y_1 は $D-2$ を施すと0になってしまうので，$(D-3)(D-2)$ を施しても0になる．これらより $^\forall A, {}^\forall B \in \mathbb{R}$ に対して
$$(D^2 - 5D + 6)(Ay_1 + By_2) = 0$$

となることがわかる．

> このように，微分作用素 $D^2 + aD + b$ は，特性方程式が
> $$p^2 + ap + b = (p - p_1)(p - p_2)$$
> と因数分解できるとき，
> $$D^2 + aD + b = (D - p_1)(D - p_2)$$
> と書けることがわかる．

このように (3.3) の特性方程式は (3.4) になり，微分演算子は $D^2 + aD + b$ となる．よって微分演算子の因数分解を考えることとなり，3.1 節のように場合分けをするが，3.1(3) のときは注意を要する．

4.2 特性方程式が重解をもつ場合

例 4.1 $y'''(x) = 0$ を微分演算子で解く
$$y_1(x) = 1, \quad y_2(x) = x, \quad y_3(x) = x^2$$
は $y'''(x) = 0$ をみたし，一般解は $y(x) = Ax^2 + Bx + C$ となる．$y''' = 0$ は $D^3 y = 0$ となる．y_1 は
$$Dy_1(x) = 0, \quad D^2 y_1(x) = 0, \quad D^3 y_1(x) = 0$$
をみたすので，y_1 は $y' = 0$ の解でもあり，$y'' = 0$ の解でもある．y_2 は
$$Dy_2(x) \neq 0, \quad D^2 y_2(x) = 0, \quad D^3 y_2(x) = 0 \qquad (4.1)$$
となっており，y_2 は $y' = 0$ の解ではないが，$y'' = 0$ の解になっている．y_3 は
$$Dy_3(x) \neq 0, \quad D^2 y_3(x) \neq 0, \quad D^3 y_3(x) = 0 \qquad (4.2)$$
のように，$y' = 0$，$y'' = 0$ の解ではない．このように，y_1, y_2, y_3 は特徴づけられるが，微分演算子法を理解するために以下のように考えてみたい．

$y''' = 0$ のすべての解を求めるために，まず $y' = 0$ となる解 $y_1(x) = 1$ を発見できたとする．次にこの y_1 を用いて，y_2 を発見したい．y_2 は $y_2' \neq 0$ だが，$y_2'' = 0$ ということより，y_2 は $y_2' = y_1$ をみたすものとして定めると，$y_1' = 0$ より，
$$D^2 y_2 = D(Dy_2) = Dy_1 = 0$$

となり，$D^3 y_2(x) = 0$ となるので，(4.1) をみたす．このように，y_2 は y_1 に対して，
$$y' = y_1$$
の解とすることになる．次に y_2 を用いて，y_3 を発見する．y_3 は $Dy_3 = 2y_2$ となるように定めると，
$$D^3 y_3 = D^2(Dy_3) = D^2(2y_2) = 0$$
このように $y''' = 0$ の解はまず $y' = 0$ となる解 $y_1(x) = 1$ を見つけ，次にこの y_1 に対して $y_2' = y_1$ となる解 $y_2(x) = x$ を見つけ，その次にこの y_2 に対して $y_3' = 2y_2$ となる $y_3(x) = x^2$ を見つけることができる．◇

> このように 3 階微分方程式を解く問題を 3 つの 1 階微分方程式を解く問題に分解することができた．

━━━━━━━━━━━━━━━━━━━━━ **$(D-a)^n y = 0$ を微分演算子で解く**

(1) $y'' - 2ay' + a^2 y = 0$ ($n = 2$)

(3.11) の解はすでに求めているので，$(D-a)^2 y = 0$ の解は $y_1 = e^{ax}$，$y_2 = xe^{ax}$ となることはすでにわかっている．
$$(D-a)y_1 = 0, \quad (D-a)^2 y_1 = 0$$
$$(D-a)y_2 \neq 0, \quad (D-a)^2 y_2 = 0$$
である．実際，$(D-a)xe^{ax} = e^{ax}$ であり，$(D-a)y_2 = y_1$ となっている．y_2 が 1 階微分方程式
$$(D-a)y = ky_1 \quad (^\exists k \in \mathbb{R}) \tag{4.3}$$
の解であるとき
$$(D-a)^2 y_2 = (D-a)((D-a)y_2)$$
$$= (D-a)ky_1 = 0$$
となる．(3.11) に対して y_2 を求めるときは y_1 に定数変化法を用いたが，演算子法では y_1 が与えられているとき，(4.3) を解くという問題になった．(4.3) は $k = 1$ について $y' - ay = e^{ax}$ であり，これは積分因子で解くか，定数変化法で解くことになる．

(2) $y''' - 3ay'' + 3a^2 y' - a^3 y = 0 \ (n = 3)$

$(D-a)^3 y = 0$ の独立な解 y_1, y_2, y_3 を求める. $y_1 = e^{ax}$, $y_2 = xe^{ax}$ は $(D-a)^2 y = 0$ の解なので, $(D-a)^3 y = 0$ の解でもある. y_3 は $(D-a)^2 y_3 \neq 0$ となる解で, y_2 に対して

$$(D-a)y = ky_2 \qquad (^\exists k \in \mathbb{R}) \tag{4.4}$$

の解であるとき,

$$(D-a)^3 y_3 = (D-a)^2 ((D-a)y_3)$$
$$= (D-a)^2 ky_2 = 0$$

となる. $k = 2$ について (4.4) を解くと $y_3 = x^2 e^{ax}$ となることがわかる.

(3) $(D-a)^n y = 0 \ (n \geq 4)$

先に答えをいってしまうと, 独立な解は

$$y_1 = e^{ax}, \quad y_2 = xe^{ax}, \quad \cdots, \quad y_n = x^{n-1} e^{ax}$$

となる. 以下そのことを確かめる. $y_1, y_2, \cdots$ と順々に求めていくことになる. $y_k = x^{k-1} e^{ax}$ のとき, $y_{k+1} = x^k e^{ax}$ となることを示せばよい. ある C_k に対して

$$(D-a)(x^k e^{ax}) = C_k x^{k-1} e^{ax}$$

が成り立つことがわかる.

なお $y_1, y_2, \cdots, y_n$ が独立であるとは, 各 y_k がそれ以外の $y_j (j \neq k)$ の線形結合で書けないことをいう.

$(D-a)^n (D-b)^m y = 0$, $a \neq b$ の解は $(D-a)^n y = 0$ のすべての解と $(D-b)^m y = 0$ のすべての解である.

4.3 逆演算子法

逆作用素

集合 $A, B \subset \mathbb{R}$ に対して, 関数 $f : A \to B$ が一対一対応のとき, 関数 $g : B \to A$ が, すべての $x \in A$ に対して, $(g \circ f)(x) = x$ をみたし, すべての $y \in B$ に対して, $(f \circ g)(y) = y$ をみたすとき, g を f の逆関数といい, f^{-1} と書いた.

一方
$$\int_a^x f'(t)dt = f(x) - f(a)$$
$$\frac{d}{dx}\int_a^x f(t)dt = f(x)$$

だから，大雑把な言い方をすると，「微分して積分すると，もとの関数にもどる」，「積分して微分すると，もとの関数にもどる」，すなわち微分と積分は互いに逆の働きをするものである．

演算子，作用素というものは，関数 $f(x)$ を関数 $g(x)$ に変える命令で，$T:f\mapsto g$ は $T(f)=g$ と書き，$T(f(x))=g(x)$ が定義域すべての x で成り立つことである．また T の定義域，つまりどんな関数の集まりに対して T を施すのか，ということも指定する．たとえば，T が D のときは，D の定義域は微分可能な関数の全体とする．T の定義域が $\mathbb{A}$，値域が $\mathbb{B}$ であるとき，T が一対一対応で，すべての $f\in\mathbb{A}$ に対して $(T^{-1}\circ T)f=f$，すべての $g\in\mathbb{B}$ に対して $(T\circ T^{-1})g=g$ が成り立つとき T^{-1} を T の逆作用素という．

$y'=f$ を $Dy=f$ と書くとき，微分作用素 D の逆作用素を考えたい．しかし，$y'=f$ の一般解は無数にあるので，$D:y\mapsto f$ は一対一対応ではない．そこで，初期条件をつけて，特解にすれば，D を一対一対応にできる．

関数 $y(x)$ に対して
$$\begin{cases} y' = f \\ y(0) = b \end{cases} \quad (4.5)$$
をみたす $f(x)$ を対応させる作用素を D_b と書くと，$D_b(y)=f$ と書ける．xy 平面上の点 $(0,b)$ を通る微分可能な関数全体を D_b の定義域とする．(4.5) の解 y は $y(x)=\int_0^x f(t)dt + b$ と書けることにより，
$$D_b^{-1}(f) = \int_0^x f(t)dt + b \quad (4.6)$$
と書くことができる．

初期値が定められていないときはどうだろうか．作用素 $\dfrac{1}{D}$ を

$$\frac{1}{D}(f) = \int f(x)\,dx \tag{4.7}$$

で定める．つまり $\frac{1}{D}$ は「関数を不定積分せよ」という命令である．$f(x) = 3x + 2$ に対して

$$\frac{1}{D}(Df) = \frac{1}{D}((3x+2)') = \int 3\,dx = 3x + C$$

$$D\frac{1}{D}(f) = D\left(\int (3x+2)\,dx\right)$$

$$= D\left(\frac{3}{2}x^2 + 2x + C\right) = 3x + 2$$

このように $\frac{1}{D}D \neq D\frac{1}{D}$ である．微分は $f(x) = 3x + 2$ の「2」の情報を伝達せず，不定積分は積分定数 C という不確定な情報を新たに伝達する．

$$\left(\frac{1}{D}D - D\frac{1}{D}\right)(f) = C \tag{4.8}$$

である．

$D - \alpha$ の逆演算子

$\alpha \in \mathbb{R}$ に対して作用素 $\frac{1}{D-\alpha}$ を作用素 $D - \alpha$ の逆作用をするものとしたい．つまり，

$$(D - \alpha)y = f$$
$$y = \frac{1}{D - \alpha}f \tag{4.9}$$
$$(D - \alpha)\frac{1}{D - \alpha}(f) = f$$

をみたすように $\frac{1}{D-\alpha}$ を定めたい．

$$\frac{1}{D-\alpha}(f) = e^{\alpha x}\left(C + \int e^{-\alpha x}f(x)\,dx\right) \tag{4.10}$$

と定めると，(2.19) より，(4.10) は $(D-\alpha)y = f$ の解なので (4.9) をみたす．

$^\forall A \in \mathbb{R}$ に対して，$Ae^{\alpha x}$ は斉次方程式 $(D-\alpha)y = 0$ の一般解なので，$f(x) = 3x + Ae^{\alpha x}$ に対して，
$$\begin{aligned}(D-\alpha)(f) &= (D-\alpha)(3x) + (D-\alpha)(Ae^{\alpha x}) \\ &= 3 - 3\alpha x + 0\end{aligned} \quad (4.11)$$
つまり，$D-\alpha$ は $Ae^{\alpha x}$ を伝達しない．

一方，$\dfrac{1}{D-\alpha}$ は (4.10) で新たな情報 $Ce^{\alpha x}$ を追加する．
$$\begin{aligned}\frac{1}{D-\alpha}(D-\alpha)(f) &= e^{\alpha x}\left(C + \int e^{-\alpha x}(f' - \alpha f)\,dx\right) \\ &= Ce^{\alpha x} + e^{\alpha x}\int \{(e^{-\alpha x}f)' - (e^{-\alpha x})'f - e^{-\alpha x}\alpha f\}\,dx \\ &= Ce^{\alpha x} + f\end{aligned}$$

よって，
$$\left(\frac{1}{D-\alpha}(D-\alpha) - (D-\alpha)\frac{1}{D-\alpha}\right)(f) = Ce^{\alpha x} \quad (4.12)$$

このように $\dfrac{1}{D-\alpha}$ は初期条件が与えられないとき，$D-\alpha$ の厳密な意味で逆作用素とはいえないが，斉次方程式 $(D-\alpha)y = 0$ の一般解 $Ce^{\alpha x}$ だけ不確定となるだけなので逆演算子，または逆作用素とよぶことが多い．

$y_1(x)$ を $(D-\alpha)y = f$ の解とし，$y_2(x) = Ce^{\alpha x}$ とする．$y_2(x)$ は $(D-\alpha)y_2 = 0$ をみたすので，
$$(D-\alpha)(y_1 + y_2) = (D-\alpha)y_1 + (D-\alpha)y_2 = f + 0 = f$$
このことから $(D-\alpha)y = f$ の解 $y(x)$ が1つ見つかれば，$y(x) + Ce^{\alpha x}$ も解となる．

■■■■■■■■■■■■ **$y'' + ay' + by = f(x)$ の逆演算子による解法**

$y'' + ay' + by = 0$ の特性方程式の解が，$\alpha, \beta \in \mathbb{R}$，$\alpha \neq \beta$ となる場合を
$$(D^2 + D - 2)y = f \quad (4.13)$$
を例として考える．(すなわち $\alpha = 1$，$\beta = -2$ の場合．) $\dfrac{1}{D^2 + D - 2}f$ を求

めたい．
$$D^2 + D - 2 = (D+2)(D-1) = (D-1)(D+2)$$
なので，(4.13) の両辺に $\dfrac{1}{D-1}\dfrac{1}{D+2}$ を施すと，左辺は

$$\begin{aligned}
\frac{1}{D-1}\frac{1}{D+2}(D^2+D-2)y &= \frac{1}{D-1}\frac{1}{D+2}(D+2)(D-1)y \\
&= \frac{1}{D-1}\{(D-1)y + Ce^{-2x}\} \\
&= y + C_1 e^x + C_2 e^{-2x}
\end{aligned}$$

よって
$$y = \frac{1}{D-1}\frac{1}{D+2}f - C_1 e^x - C_2 e^{-2x}$$
となる．よって，

$$\begin{aligned}
\frac{1}{D^2+D-2}f &= \frac{1}{D-1}\left(\frac{1}{D+2}f\right) \\
&= e^x \int^x e^{-t}\left\{\frac{1}{D+2}f(t)\right\}dt \\
&= e^x \int^x e^{-t}\left\{e^{-2t}\int^t e^{2u}f(u)du\right\}dt \quad (4.14)
\end{aligned}$$

となる．(4.14) では，積分の中に積分が入っている．実はもっと簡単に書ける．

$$\frac{1}{(x+2)(x-1)} = \frac{1}{3}\left(\frac{1}{x-1} - \frac{1}{x+2}\right)$$

のように，

$$\frac{1}{D+2}\cdot\frac{1}{D-1} = \frac{1}{3}\left(\frac{1}{D-1} - \frac{1}{D+2}\right) \quad (4.15)$$

とできる．つまり (4.15) の右辺は $(D-1)(D+2)$ の逆作用素になっている．実際，(4.15) の右辺に $(D-1)(D+2)$ を施すと，

$$(D-1)(D+2)\frac{1}{3}\left(\frac{1}{D-1} - \frac{1}{D+2}\right) = \frac{1}{3}\left((D-1)(D+2)\frac{1}{D-1}\right.$$
$$\left. - (D-1)(D+2)\frac{1}{D+2}\right)$$
$$= \frac{1}{3}((D+2)-(D-1))$$
$$= 1 \qquad (4.16)$$

となり，(4.15) は正しいことがわかる．なお，(4.16) の各右辺の「1」は作用素として，関数を変化させないものである[*1]．よって，

$$\frac{1}{D^2+D-2}(f) = \frac{1}{3}\left(\frac{1}{D-1} - \frac{1}{D+2}\right)f$$
$$= \frac{1}{3}\left\{e^x \int^x e^{-t}f(t)\,dt - e^{-2x}\int^x e^{2t}f(t)\,dt\right\} \qquad (4.17)$$

としてよい．これはロンスキアンによる結果(3.29)〜(3.30)に適合している．

n 次積分[*2]

$f(x)$ の n 次導関数を考えるように，$f(x)$ の n 次積分

$$I_n(f)(x) = \int_0^x \left(\int_0^{x_{n-1}} \cdots \left(\int_0^{x_1} f(x_0)\,dx_0\right)\cdots dx_{n-2}\right) dx_{n-1}$$

を考えることができる．以下では

$$I_n(f)(x) = \frac{1}{(n-1)!}\int_0^x (x-s)^{n-1} f(s)\,ds \qquad (4.18)$$

を帰納法で示す．(右辺を式変形して左辺を導く．)

[*1] ただし，(4.16) の左辺を関数に作用させると $C_1 e^x + C_2 e^{-2x}$ が追加されることは無視した．
[*2] 以下は (4.14) の参考としているだけなので，必ずしも読まなくともよい．

(i) $n=2$ のとき
$$\int_0^x (x-s)f(s)\,ds = \int_0^x (x-s)\frac{d}{ds}\left(\int_0^s f(t)\,dt\right)ds$$
$$= \left[(x-s)\int_0^s f(t)\,dt\right]_{s=0}^{s=x} - \int_0^x \frac{d}{ds}(x-s)\left(\int_0^s f(t)\,dt\right)ds$$
$$= -x\int_0^0 f(t)\,dt + \int_0^x \left(\int_0^s f(t)\,dt\right)ds$$
$$= I_2(f)(x)$$

(ii) (4.18) が成り立つとき,
$$I_{n+1}(f)(x) = \frac{1}{n!}\int_0^x (x-s)^n f(s)\,ds$$
を示す. (i) と同様に
$$\frac{1}{n!}\int_0^x (x-s)^n f(s)\,ds = \frac{1}{n!}\int_0^x (x-s)^n \frac{d}{ds}\left(\int_0^s f(t)\,dt\right)ds$$
$$= \frac{1}{(n-1)!}\int_0^x (x-s)^{n-1}\left(\int_0^s f(t)\,dt\right)ds$$
$$= I_n\left(\int_0^s f(t)\,dt\right)(x)$$
$$= I_{n+1}(f)(x)$$

第5章

変数係数微分方程式

微分方程式
$$y'' + a(x)y' + b(x)y = 0 \tag{5.1}$$
に対して，$y = e^{px}$ とすると，
$$p^2 + a(x)p + b(x) = 0$$
となり，p は定数とはならない．$y = e^{p(x)x}$ としても $p(x)$ を求めることはできない．

ここでは，変数係数微分方程式を合成関数の微分法を用いて，定数係数微分方程式に帰着させることを考える．

5.1 変数係数微分方程式を定数係数微分方程式に変換する

――――――――――――――――――――――オイラー型の方程式

例 5.1 (1) $$xy' + y = \log x \tag{5.2}$$
を定数係数微分方程式に帰着させる．

(5.2) を $x = e^t$ によって独立変数 t による $\bar{y}(t) = y(x(t))$ の方程式にする．
$$\frac{d}{dt}\bar{y} = \frac{dy}{dx}\frac{dx}{dt} = y' \cdot x' = xy'$$
であるから，(5.2) は
$$\bar{y}'(t) + \bar{y}(t) = t \tag{5.3}$$

と定数係数微分方程式に変形される．

(2) 定数 a に対して，
$$x^2 y'' + axy' + y = 0 \tag{5.4}$$
を定数係数微分方程式に帰着させる．

(5.4) を $x = e^t$ で変換する．$x''(t) = x'(t) = x(t)$ であるから，
$$\begin{aligned}\frac{d^2}{dt^2}\bar{y} &= \frac{d}{dt}\left(\frac{dy}{dx}\frac{dx}{dt}\right) \\ &= \frac{d^2 y}{dx^2}\left(\frac{dx}{dt}\right)^2 + \frac{dy}{dx}\frac{d^2 x}{dt^2} \\ &= x^2 y'' + xy' \end{aligned} \tag{5.5}$$

よって (5.4) は
$$\bar{y}''(t) + (a-1)\bar{y}'(t) + \bar{y}(t) = 0 \tag{5.6}$$
となる．◇

このように
$$x^n y^{(n)} + a_1 x^{n-1} y^{(n-1)} + \cdots + a_n y = f(x) \tag{5.7}$$
の形をオイラー型という．

(5.1) を定数係数微分方程式に変換する

さて，変数係数微分方程式 (5.1) に一般的な解法はないのだが，$a(x), b(x)$ がある条件をみたすとき，(5.6) のように定数係数微分方程式に変換することを考える．以下では必ずしも $x = e^t$ ではなく，一般の $x(t)$ で変換する．(5.1) の両辺に x'^2 を掛けると，
$$x'^2 y'' + x'' y' + \frac{a(x)x'^2 - x''}{x'} x'y' + b(x)x'^2 y = 0$$
と書ける．よって，定数 C_1, C_2 に対して，
$$\begin{aligned}\frac{a(x)x'^2 - x''}{x'} &= C_1 \\ b(x)x'^2 &= C_2 \end{aligned} \tag{5.8}$$
をみたすとき，(5.5) と同様に

5.1 変数係数微分方程式を定数係数微分方程式に変換する 57

$$\bar{y}''(t) + C_1\bar{y}'(t) + C_2\bar{y}(t) = 0 \tag{5.9}$$

と変換できる．ここで $b(x)$ は定符号とし，C_2 は $b(x)$ と同符号とする．(5.8) より

$$x' = \left(\frac{C_2}{b(x)}\right)^{\frac{1}{2}} \tag{5.10}$$

であるから，(5.10) を t で微分すると，

$$\begin{aligned}x'' &= \frac{1}{2}\left(\frac{C_2}{b(x)}\right)^{-\frac{1}{2}} \cdot \frac{-C_2\dfrac{d}{dt}b(x)}{b^2(x)} \\ &= \frac{1}{2} \cdot \frac{1}{x'} \cdot \frac{-C_2 b'(x) x'}{b^2(x)} \\ &= -\frac{C_2}{2}\frac{b'(x)}{b^2(x)}\end{aligned}$$

よって (5.8) から x', x'' を消去できて，

$$\begin{aligned}a(x) &= \frac{x''}{x'^2} + \frac{C_1}{x'} \\ &= -\frac{1}{2}\frac{b'(x)}{b(x)} + C_1\left(\frac{b(x)}{C_2}\right)^{\frac{1}{2}} \tag{5.11}\end{aligned}$$

が成り立つとき，(5.9) が得られる．ここで変換 $x(t)$ は (5.10) が変数分離形であることより，

$$t = \int \left(\frac{b(x)}{C_2}\right)^{\frac{1}{2}} dx$$

によって与えられる．

簡単のために，$C_2 = \dfrac{b(x)}{|b(x)|} = \pm 1$ とすると，(5.11) が成り立つとき，すなわち

$$2(C_1\sqrt{|b(x)|} - a(x)) = \frac{b'(x)}{b(x)} \tag{5.12}$$

またはこれを解いて，

$$e^{\int a(x)dx} = \frac{1}{\sqrt{|b(x)|}} e^{C_1 \int \sqrt{|b(x)|}\,dx}$$

が成り立つとき,$t = \int \sqrt{|b(x)|}\,dx$ によって,(5.1) は (5.9) ($C_2 = \pm 1$) に変換される.たとえば,$b(x) = x^2$ のとき (5.12) より $a(x) = C_1 x - \dfrac{1}{x}$ となり,この $a(x), b(x)$ に対して,(5.1) は (5.9) に変換される.

III
１階微分方程式の特徴を曲線・曲面で表す

第６章　常微分方程式の解を
　　　　曲面の等高線で表す
第７章　線形力学系
第８章　特性曲線による解法

第6章

常微分方程式の解を曲面の等高線で表す

曲面 $z = x^2 + y^2$ の高さ $C \geq 0$ の等高線は $L_C := \{(x, y) \in \mathbb{R}^2 \mid x^2 + y^2 = C\}$ で与えられる．また逆に xy 平面上の曲線族 $\{L_C \mid C \geq 0\}$ から L_C を高さ C の等高線とする曲面は $z = x^2 + y^2$ であるといえる．L_C は微分方程式 $y' = -\dfrac{x}{y}$ の一般解になっているので，$y' = -\dfrac{x}{y}$ の一般解は曲面 $z = x^2 + y^2$ の等高線で与えられる．このように常微分方程式の解をある曲面の等高線で表すことを考える．

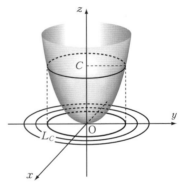

図 6.1

6.1 偏微分

曲面 $z = f(x, y)$ がたとえば図 6.2 のように与えられているとき，z は xy 平面上の一点 (x, y) での高さ $f(x, y)$ を表す．

ここで，$y = b$ を固定すると，$z = $

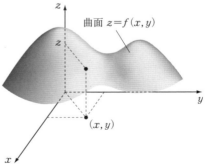

図 6.2

$f(x, b)$ は x だけの関数となるので z を x で微分する，つまり z の x に対する変化率を考えることができる．同様に $x = a$ を固定すると，$z = f(a, y)$ は y だけの関数となる．このように $z = f(x, y)$ で y を固定して，x だけで微分することを x で偏微分するといい，

$$\frac{\partial}{\partial x}f(x, y), \quad \frac{\partial f}{\partial x}(x, y), \quad f_x(x, y) \tag{6.1}$$

のように表す．これらは

$$\frac{\partial f}{\partial x}(x, y) = \lim_{h \to 0}\frac{f(x + h, y) - f(x, y)}{h} \tag{6.2}$$

と定義される．同様に x を固定して y だけで微分する，つまり y で偏微分することも

$$\frac{\partial}{\partial y}f(x, y) = \frac{\partial f}{\partial y}(x, y) = f_y(x, y) = \lim_{k \to 0}\frac{f(x, y + k) - f(x, y)}{k} \tag{6.3}$$

と定義される．

例 6.1 $f(x, y) = x^2y^3 + \sin(x + y)$ に対して
$$f_x(x, y) = 2xy^3 + \cos(x + y)$$
$$f_y(x, y) = 3x^2y^2 + \cos(x + y)$$
このように x で偏微分するときは，y を数だと思って x で微分すればよい．
◇

さて，$y = b$ を固定したときの x の関数 $z = f(x, b)$ は図 6.2 の曲面に対して，何を表しているか．それは y 軸上の点 $(0, b)$ を通って y 軸に垂直な平面で曲面を切ったときの断面になっている．b を y 軸上で動かすたびに，断面は曲線 $z = f(x, b)$ で与えられる．この曲線の接線の傾きを与える関数を $y = b$ での x に関する偏導関数 $f_x(x, b)$ という．$f_x(a, b)$ は曲線 $z = f(x, b)$ の $x = a$ での接線の傾きである．

図 6.3 では (a, b) で曲面は峠になっていて，$z = f(x, b)$ は $x = a$ で上に凸で，$z = f(a, y)$ は $y = b$ で下に凸になっている．

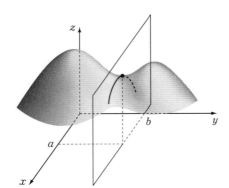
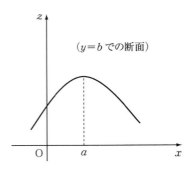

図 6.3

6.2 曲面の等高線

======接 平 面

曲面 $z = f(x, y)$ 上の点 (a, b, c) で接する接平面を考える．一般に点 (a, b, c) を通る平面の方程式は

$$z - c = p(x - a) + q(y - b) \tag{6.4}$$

で与えられる．以下 (6.4) が $z = f(x, y)$ のグラフに点 (a, b, c) で接するための条件を考える．まず $c = f(a, b)$ でなければならない．

点 (a, b, c) を通るように，曲面と接平面を同時に切る．切る方向は
(1) y 軸に垂直な方向 (zx 平面に平行)
(2) x 軸に垂直な方向 (yz 平面に平行)
(3) z 軸に垂直な方向 (xy 平面に平行)

を考える．まず y 軸に垂直な方向 (zx 平面に平行) に曲面と接平面 (6.4) を同時に切る．このとき，接平面の断面は曲線 $z = f(x, b)$ の接線になっている．この曲線の $x = a$ における接線の傾きは $f_x(a, b)$ で与えられる．一方，接平面 (6.4) の断面は $y = b$ として，$z - c = p(x - a)$ であるので，$p = f_x(a, b)$．同様に $q = f_y(a, b)$ となり，接平面の方程式は

$$z - f(a, b) = f_x(a, b)(x - a) + f_y(a, b)(y - b) \tag{6.5}$$

で与えられる．

6.2 曲面の等高線　63

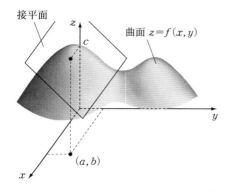
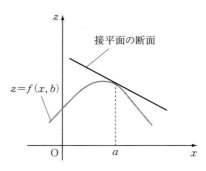

図 6.4

等高線とその接線

次に z 軸に垂直に切ると，断面は曲面の等高線になっている．このとき接平面の断面は等高線の接線になっている．

等高線の接線の方程式は (6.5) に高さ $z = f(a, b)$ を代入することにより，

$$0 = f_x(a, b)(x - a) + f_y(a, b)(y - b) \quad (6.6)$$

となる．

(6.6) の結果は次のように応用することができる．

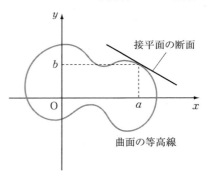

図 6.5

例 6.2 $x^2 + y^2 = c \ (c > 0)$ は原点中心，半径 $\sqrt{c}$ の円だが，これは曲面 $z = x^2 + y^2$ の高さ c の等高線になっている．$f(x, y) = x^2 + y^2$ とおくと，$f_x = 2x$, $f_y = 2y$. 曲面上の点 (a, b, c) は $c = a^2 + b^2$ をみたし，等高線の接線は (6.6) より，

$$0 = 2a(x - a) + 2b(y - b)$$

よって接線の傾きは $-\dfrac{a}{b}$ であることより，原点中心の円上の点 (x, y) での接線の傾き y' は微分方程式

をみたす．

$$y' = -\frac{x}{y}$$

をみたす．◇

$\mathbb{R}^2$ での直線がベクトル (p, q) と直交し，点 (a, b) を通るとき，直線上の点 (x, y) は

$$(p, q) \cdot (x - a, y - b) = 0 \tag{6.7}$$

をみたす．

例 6.2 のように $\mathbb{R}^2$ 内の曲線は $\mathbb{R}^3$ 内の曲面の等高線になっていることがある．たとえば円 $x^2 + y^2 = 1$ は曲面 $z = f(x, y) = x^2 + y^2 - 1$ の高さ 0 の等高線 $f(x, y) = 0$ で与えられる．このように曲線が $f(x, y) = 0$ で与えられるとき，曲線上の点 (a, b) で接する接線の法線ベクトルは (6.6), (6.7) により，

$$(f_x(a, b), f_y(a, b)) \tag{6.8}$$

で与えられる．このベクトルは等高線に直交し，曲面の最も勾配の大きな方向を与えている．

> 曲線が $f(x, y) = 0$ で与えられるとき，曲線上の点 (a, b) で接する接線の方程式は (6.6) で与えられる．

6.3　グラディエントと全微分

━━━━━━ グラディエント

図 6.2 が，ある山脈の一部を表すとして，山脈に空から雨が降るときの雨の流れる方向を考えてみよう．雨は山脈の等高線と垂直な方向に地面に向かって流れるであろう．山脈の標高がある座標平面上の曲面で表されるとき，座標平面上の点 (x, y) で山脈の標高がある関数 $f(x, y)$ によって，$z = f(x, y)$ で表されるとき，点 (x, y) における雨の流れる方向の x 成分を $v_1(x, y)$，y 成分を $v_2(x, y)$ とすると，$\boldsymbol{v}(x, y) = (v_1(x, y), v_2(x, y))$ は $f(x, y)$ が定まれば，定まるであろう．

$f(x, y)$ に対して

$$\operatorname{grad} f(x, y) = \left(\frac{\partial}{\partial x} f(x, y), \frac{\partial}{\partial y} f(x, y) \right) \tag{6.9}$$

を f のグラディエントまたは勾配という．以下，$\operatorname{grad} f$ の方向が曲面の接平面の勾配が最大となる方向で，等高線と直交する方向であることを述べる．(グラディエントは雨の流れる方向の逆方向である．)

=== 全 微 分 ===

例 6.3 平面の勾配

$z = g(x, y) = ax + by + c$ は平面の方程式を表す．xy 平面上の点 (x_0, y_0) と $(x_0 + \Delta x, y_0 + \Delta y)$ での平面 $z = g(x, y)$ の高さの差は

$$\begin{aligned} \Delta z &= g(x_0 + \Delta x, y_0 + \Delta y) - g(x_0, y_0) \\ &= a \Delta x + b \Delta y \\ &= (a, b) \cdot (\Delta x, \Delta y) \end{aligned}$$

で与えられる．$|(\Delta x, \Delta y)| = \sqrt{\Delta x^2 + \Delta y^2} = 1$ とするとき，$(\Delta x, \Delta y)$ が (a, b) と同方向，すなわち $\dfrac{\Delta y}{\Delta x} = \dfrac{b}{a}$ のとき，Δz は最大値 $\sqrt{a^2 + b^2}$ をとり，$(\Delta x, \Delta y)$ が (a, b) と直交するとき，すなわち $\dfrac{\Delta y}{\Delta x} = -\dfrac{b}{a}$ のとき，$\Delta z = 0$ となる．

◇

なめらかな曲面 $z = f(x, y)$ の点 (x_0, y_0) での接平面を $z = h(x, y)$ とするとき，

$$h(x, y) = f_x(x_0, y_0)(x - x_0) + f_y(x_0, y_0)(y - y_0) + f(x_0, y_0)$$

と書ける．曲面での高さの差は

$$\Delta f = f(x_0 + \Delta x, y_0 + \Delta y) - f(x_0, y_0)$$

であり，接平面での高さの差は

$$\Delta h = h(x_0 + \Delta x, y_0 + \Delta y) - h(x_0, y_0) = f_x(x_0, y_0) \Delta x + f_y(x_0, y_0) \Delta y$$

となる．ここで，(x_0, y_0) が接点であることより，$f(x_0, y_0) = h(x_0, y_0)$ である．$\Delta f \neq \Delta h$ ではあるが，$(\Delta x, \Delta y) \fallingdotseq (0, 0)$ のとき，曲面はなめらかなので，$\Delta f \fallingdotseq \Delta h$ となるであろう．

一般に，$\Delta x, \Delta y$ をそれぞれ dx, dy と書き，

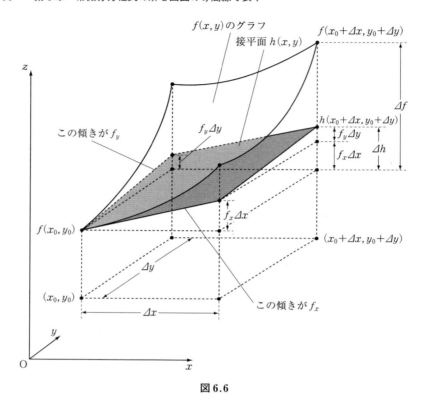

図 6.6

$$df = f_x(x_0, y_0)dx + f_y(x_0, y_0)dy \tag{6.10}$$

を (x_0, y_0) での $f(x, y)$ の全微分という. (6.10) は x 方向の微小変化 dx, y 方向の微小変化 dy に対して, 接平面の高さの微小変化量 df はどれくらいになるかを表す.

(6.10) は

$$df = \operatorname{grad} f \cdot (dx, dy) \tag{6.11}$$

と書け, これは (x_0, y_0) からの微小変化ベクトル (dx, dy) に対する高さの微小変化 df が $\operatorname{grad} f$ と (dx, dy) との内積で与えられることを意味している.

$\varDelta f = 0$ とは $f(x_0 + \varDelta x, y_0 + \varDelta y) = f(x_0, y_0)$ つまり, 点 (x_0, y_0) と点 $(x_0 + \varDelta x, y_0 + \varDelta y)$ で曲面 $z = f(x, y)$ の高さが変化しないということなので, 等高線上の点 (x, y) で

が成り立つ．この式は，

$$f_x(x,y)dx + f_y(x,y)dy = 0$$

$$(dx, dy) \cdot (f_x(x,y), f_y(x,y)) = 0 \tag{6.12}$$

ということより，ベクトル $(f_x(x,y), f_y(x,y))$ と直交する方向に微小変化 (dx, dy) しても，曲面の高さは変化しないことがわかる．

曲線に沿った微分

関数 $z = f(x,y)$ において，x, y がパラメータ t の関数 $x(t), y(t)$ であるとき，z の t に関する微分は合成関数の微分法によって，

$$\frac{d}{dt}z = f_x \cdot \dot{x}(t) + f_y \cdot \dot{y}(t) \tag{6.13}$$

で与えられる．(6.13) は

$$\bar{z}(t) = z(x(t), y(t)) \tag{6.14}$$

に対して，

$$\bar{z}'(t) = \mathrm{grad}\, f(x(t), y(t)) \cdot (\dot{x}(t), \dot{y}(t)) \tag{6.15}$$

と書ける．これは曲面上の点 $f(x,y)$ が，xy 平面上の曲線 $C: (x(t), y(t))$ に沿って曲面上を運動しているとき，t に関する高さの変化率 $\bar{z}'(t)$ は接平面の最大勾配方向を表す $\mathrm{grad}\, f$ と曲線 C の接線ベクトルとの内積で与えられることを表している．

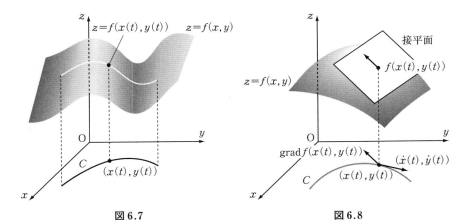

図 6.7　　　　　　　　　　　図 6.8

よって曲線 C の接線ベクトル $(\dot{x}(t), \dot{y}(t))$ に対して，$\dfrac{dy}{dx} = \dfrac{\dot{y}}{\dot{x}}$ であるから，等高線の方程式

$$\operatorname{grad} f(x(t), y(t)) \cdot (\dot{x}(t), \dot{y}(t)) = 0 \tag{6.16}$$

は微分方程式

$$f_x(x, y) + f_y(x, y)\frac{dy}{dx} = 0 \tag{6.17}$$

と書くことができる．

6.4　曲面の等高線と微分方程式

━━━━━━━━━━━━━━━━━━ 曲面の等高線を与える微分方程式

例 6.4　xy 平面上の曲線 ℓ 上の点が $(x, y(x))$ と書かれるとき，曲面 $z = x^2 + y^2$ の点 $(x, y(x))$ での高さは $z(x) = x^2 + y^2(x)$ となる．このことは，曲面 $z = x^2 + y^2$ を曲線 ℓ に沿って，z 軸と平行に切ったときの断面の高さは $x^2 + y^2(x)$ となる，と言い換えることができる．もし，ある特定の曲線 ℓ_0 で $z(x) \equiv C$ ならば，ℓ_0 は高さ C の等高線になっている．ℓ_0 上では $z'(x) \equiv 0$ であることより，$z'(x) = 2x + 2y(x)y'(x) = 0$ が成り立っている．すなわち ℓ_0 が等高線ならば ℓ_0 上で $z'(x) \equiv 0$.　◇

例 6.5　$y' = y$ の一般解は $y = Ce^x$ だが，これを $C = ye^{-x}$ と書きかえると，$L_C := \{(x, y) \in \mathbb{R}^2 \mid ye^{-x} = C\}$ は $z = ye^{-x}$ の等高線．$y = Ce^x$ と $C = ye^{-x}$ は当然グラフとしては同じものとなるが，ここで C は任意の定数で，$C \in \mathbb{R}$ を動かすことでグラフは $\mathbb{R}^2$ 平面を覆う．C を z と書きかえて，$z = ye^{-x}$ と書いても，$z \in \mathbb{R}$ を動かすと同じことになる．z を1つ固定するとき，y を決めると x が定まり，x を決めると y が定まる．つまり z が定められているとき，y は x の関数ということになり，$z = y(x)e^{-x}$ と書くことができる．$y' = y$ の解 $y = Ce^x$ は曲面 $z = ye^{-x}$ の高さ C の等高線になっていることがわかる．

◇

　y が x の関数であるとき，$z = f(x, y(x))$ は x だけの関数 $z(x)$ と書くこと

ができる．もし xy 平面上の曲線が曲面 $z = f(x, y)$ の等高線であるならば，曲線上のすべての点 $(x, y(x))$ で高さ $z(x) = f(x, y(x))$ は一定となる．よって等高線は $z'(x) = 0$ をみたすものとして特徴づけられる．すなわち $z(x) = f(x, y(x))$ は (6.14) で $x = t$ の場合であるから，

$$z'(x) = f_x(x, y(x)) + f_y(x, y(x)) \cdot y'(x) \tag{6.18}$$

となり，

$$f_x(x, y(x)) + f_y(x, y(x)) \cdot y'(x) = 0 \tag{6.19}$$

として (6.17) が導かれる．

━━━ 微分方程式の解はどんな曲面の等高線になっているか

例 6.6 (1) 曲面 $z = ye^{-x}$ に対して，$(x, y(x))$ が等高線となるには，$z(x) = y(x)e^{-x}$ に対して

$$z'(x) = y'(x)e^{-x} + y(x)(e^{-x})' = 0$$
$$y'(x) - y(x) = 0$$

すなわち $y'(x) = y(x)$ となるとき，$(x, y(x))$ は等高線となる．このように $y' = y$ の解は，曲面 $z = ye^{-x}$ の等高線になっている．

(2) $y' = y$ の解が曲面 $z = ye^{-x}$ の等高線となることをどのように導けばよいか．

$$y'(x) - y(x) = 0 \tag{6.20}$$

両辺に e^{-x} を掛けて，

$$e^{-x}y'(x) - e^{-x}y(x) = 0$$
$$e^{-x}y'(x) + (e^{-x})'y(x) = 0$$
$$(e^{-x}y(x))' = 0 \tag{6.21}$$

よって解は $e^{-x}y(x) = C$ となり，これは $z = ye^{-x}$ の曲面の高さ C の等高線なので曲面は $z = ye^{-x}$ となる．しかしこれは答えを知っているから (6.20) の両辺に e^{-x} を掛けることができたのである．(6.21) と (6.19) を見くらべると，

$$f_x(x, y(x)) = -e^{-x}y, \quad f_y(x, y(x)) = e^{-x} \tag{6.22}$$

$f(x, y) = ye^{-x}$ は確かに (6.22) をみたしている． ◇

6.5 完全微分形

$$P(x,y) + Q(x,y)y' = 0 \tag{6.23}$$

または,

$$P(x,y)dx + Q(x,y)dy = 0 \tag{6.24}$$

という形の微分方程式の解が曲面 $z = f(x,y)$ の等高線

$$f(x,y) = C$$

となるような $f(x,y)$ を求めたい. この方法を用いることができるためには P と Q がある条件をみたしていなければならない. (6.23) と (6.17) を比較すると, P と Q に対して (6.17) をみたす $f(x,y)$ を発見できるかという条件がつく. ここでは以下のような解法を考察する.

(6.23) において,

$$P(x,y) = f_x(x,y), \quad Q(x,y) = f_y(x,y) \tag{6.25}$$

となる $f(x,y)$ があるとき,

$$P_y = f_{xy} = f_{yx} = Q_x$$

(ただし, $f(x,y)$ は C^2 級とする.) が成り立つ.

よって, (6.23) の解が曲面 $z = f(x,y)$ の等高線となるには

$$P_y = Q_x \tag{6.26}$$

が成り立っていなければならない. (6.26) が成り立つ方程式を完全微分方程式, または完全微分形とよぶ.

━━━━━━━━━━━━━━━━━━━━━ 完全微分形の解

ステップ 1 (6.25) で $P = f_x$ より, $^\forall a \in \mathbb{R}$ に対して,

$$f(x,y) = \int_a^x P(s,y)ds + C \tag{6.27}$$

実はここで C は単なる定数ではない. C は x の関数でなければ何でもよい. すなわち, C は y のどんな関数でもよいので C は $C(y)$ となる. 実際に (6.27) を x で微分してみるとよい. よって $f(x,y)$ を求めるためには $C(y)$ を定めなければならない. (6.25), (6.27) より,

6.5 完全微分形

$$\frac{\partial}{\partial y}\left\{\int_a^x P(s,y)\,ds + C(y)\right\} = Q(x,y)$$

よって

$$C'(y) = Q(x,y) - \frac{\partial}{\partial y}\int_a^x P(s,y)\,ds$$

ここで $V(x,y) = \int_a^x P(s,y)\,ds$ とおくと,$^\forall b \in \mathbb{R}$ と任意定数 K に対して,

$$C(y) = \int_b^y Q(x,t)\,dt - \int_b^y \frac{\partial}{\partial y}V(x,t)\,dt + K$$

任意定数 K は b のとり方に吸収できるので,

$$f(x,y) = \int_a^x P(s,y)\,ds + \int_b^y Q(x,t)\,dt - \int_b^y \frac{\partial}{\partial y}V(x,t)\,dt \tag{6.28}$$

ここで微積分の基本定理より

$$\int_b^y \frac{\partial}{\partial y}V(x,t)\,dt = V(x,y) - V(x,b) = \int_a^x P(s,y)\,ds - \int_a^x P(s,b)\,ds$$

よって

$$f(x,y) = \int_b^y Q(x,t)\,dt + \int_a^x P(s,b)\,ds \tag{6.29}$$

ステップ2 (6.25) を第2式から解くと,

$$f(x,y) = \int_b^y Q(x,t)\,dt + D(x)$$

$$P(x,y) = \frac{\partial}{\partial x}\left\{\int_b^y Q(x,t)\,dt + D(x)\right\}$$

$$D(x) = \int_a^x P(s,y)\,ds - \int_a^x \frac{\partial}{\partial x}W(s,y)\,ds, \quad W(x,y) = \int_b^y Q(x,t)\,dt$$

よって,

$$f(x,y) = \int_a^x P(s,y)\,ds + \int_b^y Q(x,t)\,dt - \int_a^x \frac{\partial}{\partial x}W(s,y)\,ds \tag{6.30}$$

同様に
$$\int_a^x \frac{\partial}{\partial x} W(s,y) ds = W(x,y) - W(a,y)$$
より,
$$f(x,y) = \int_a^x P(s,y) ds + \int_b^y Q(a,t) dt \qquad (6.31)$$

ここまでは完全微分形でなくても導かれる．

ステップ3 (6.28), (6.30) は同時に成り立たなければいけないので，(6.28), (6.30) が等しくあるためには

$$\int_b^y \frac{\partial}{\partial y} V(x,t) dt = \int_a^x \frac{\partial}{\partial x} W(s,y) ds \qquad (6.32)$$

が成り立たなければならない．一般に，ある条件下で，
積分記号下の微分法[*1]

$$\frac{d}{dy} \int_a^b f(x,y) dx = \int_a^b \frac{\partial}{\partial y} f(x,y) dx \qquad (6.33)$$

フビニの定理[*2]

$$\int_c^d \left\{ \int_a^b f(x,y) dx \right\} dy = \int_a^b \left\{ \int_c^d f(x,y) dy \right\} dx \qquad (6.34)$$

が成り立つ．このことより，$P(x,y), Q(x,y)$ が C^1 級であるとき，(6.32) は

$$\int_b^y \left\{ \int_a^x P_y(s,t) ds \right\} dt = \int_b^y \left\{ \int_a^x Q_x(s,t) ds \right\} dt$$

となり，これは完全微分形の条件 $P_y = Q_x$ から導かれる．このとき (6.29) と (6.31) は等しい．

━━━━━━━━━━━━━━━━━━━━━ **完全微分形でない場合**

例 6.7 $y' - 3y = 0$

ここで，$P_y = (-3y)_y = -3$, $Q_x = (1)_x = 0$ となり，完全微分形ではない．しかし例 6.6 のように，解は $z = ye^{-3x}$ の等高線になっている．両辺に e^{-3x} を

[*1] 第9章で考察する．
[*2] [24] などを参照．

掛けると，
$$-3ye^{-3x} + e^{-3x}y' = 0$$
は
$$(-3ye^{-3x})_y = -3e^{-3x}, \quad (e^{-3x})_x = -3e^{-3x}$$
と，完全微分形となる．◇

(6.23) で，$P_y \neq Q_x$ のとき，両辺にある $u(x, y)$ を掛けて，
$$u(x, y)P(x, y) + u(x, y)Q(x, y)y' = 0$$
が，
$$(uP)_y = (uQ)_x \tag{6.35}$$
となって完全微分形となるとき，$u(x, y)$ を積分因子という．しかし，一般には，積分因子を求めるのは難しい．実際，(6.35) をみたす $u(x, y)$ の条件は，
$$Pu_y - Qu_x + (P_y - Q_x)u = 0 \tag{6.36}$$
となり，これは変数係数1階偏微分方程式とよばれるもので，この方程式にも解法はあるが，簡単ではない．(第8章で考察する．)

しかし，$\dfrac{P_y - Q_x}{Q}$ が x だけの関数のときは u を x だけの関数 $u(x)$ として求めることができることがある．(6.36) で $u_y = 0$ として，
$$Q\frac{du}{dx} = (P_y - Q_x)u$$
$$\frac{1}{u}du = \frac{P_y - Q_x}{Q}dx$$
ここで右辺は x だけなので，変数分離形であり，
$$\log u(x) = \int \frac{P_y(x, y) - Q_x(x, y)}{Q(x, y)}dx$$
被積分関数が x だけの関数になっていれば，積分計算できて，$u(x)$ は求められる．

例 6.8 $\dfrac{1}{x} + xy + x^2y' = 0$
$$P(x, y) = \frac{1}{x} + xy, \quad Q(x, y) = x^2$$

$P_y = x$, $Q_x = 2x$ より, $\dfrac{P_y - Q_x}{Q} = -\dfrac{1}{x}$ となるので,

$$\log u(x) = \int -\frac{1}{x} dx$$

$$u(x) = e^{-\log x} = \frac{1}{x}$$

この u を掛けると方程式は完全微分形となる． ◇

第 7 章

線形力学系

　ここでは $\mathbb{R}^2$ 内の動点 $\boldsymbol{x}(t) = (x_1(t), x_2(t))$ の接線ベクトル $\dot{\boldsymbol{x}}(t)$ が $\boldsymbol{x}(t)$ の 1 次変換で与えられるとき，動点の運動を追跡したい．そのために $x_1(t), x_2(t)$ の連立微分方程式を考える．この問題は，捕食生物と被食生物の個体数に関する微分方程式など，数理モデルに応用される．

7.1　ベクトルの微分方程式

　時刻 t における $\mathbb{R}^2$ 内の動点 $\mathbb{P}(t) = (x(t), y(t))$ に対して，もしすべての時刻 t において接線ベクトル $\dot{\mathbb{P}}(t) = (\dot{x}(t), \dot{y}(t))$ が求まっていると，初期値 $\mathbb{P}(0)$ からの運動 $\mathbb{P}(t)$ がすべて求まるはずである．

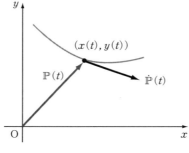

図 7.1

$$\mathbb{P}(t) = (x(t), y(t))$$
$$= \left(\int_0^t \dot{x}(s)\,ds + x(0), \int_0^t \dot{y}(s)\,ds + y(0)\right)$$
$$= \int_0^t \dot{\mathbb{P}}(s)\,ds + \mathbb{P}(0)$$

接線ベクトル $\dot{\mathbb{P}}(t)$ は時刻 t での動点の運動の方向を与えるので，
$$\mathbb{A} = \begin{pmatrix} a & b \\ c & d \end{pmatrix}$$
に対して，
$$\dot{\mathbb{P}}(t) = \mathbb{A}\mathbb{P}(t) \tag{7.1}$$
は，「運動の接線ベクトル $\dot{\mathbb{P}}(t)$ が $\mathbb{P}(t)$ の1次変換 $\mathbb{A}\mathbb{P}(t)$ で与えられるとする」ことを意味する．

(7.1) は
$$\begin{pmatrix} \dot{x}(t) \\ \dot{y}(t) \end{pmatrix} = \begin{pmatrix} a & b \\ c & d \end{pmatrix} \begin{pmatrix} x(t) \\ y(t) \end{pmatrix} \tag{7.2}$$
ということより，
$$\begin{cases} \dot{x}(t) = ax(t) + by(t) \\ \dot{y}(t) = cx(t) + dy(t) \end{cases} \tag{7.3}$$
という連立微分方程式で表される．(7.3) は線形力学系とよばれる．(7.1) はもっと一般的に
$$\dot{\mathbb{P}} = \boldsymbol{f}(\mathbb{P}) = (f_1(\mathbb{P}), f_2(\mathbb{P}))$$
すなわち
$$\begin{pmatrix} \dot{x}(t) \\ \dot{y}(t) \end{pmatrix} = \begin{pmatrix} f_1(x(t), y(t)) \\ f_2(x(t), y(t)) \end{pmatrix} \tag{7.4}$$
のように与えられることもある．

例 7.1
$$\mathbb{A} = \begin{pmatrix} -4 & 1 \\ -5 & 2 \end{pmatrix}$$

に対して，(7.2) を解く．
$$\dot{x} = -4x + y \tag{7.5}$$
$$\dot{y} = -5x + 2y \tag{7.6}$$
y を消去して，x だけの微分方程式を求める．(7.5) より $y = \dot{x} + 4x$ となり，これを微分して $\dot{y} = \ddot{x} + 4\dot{x}$ を得る．これらを (7.6) に代入して
$$\ddot{x} + 4\dot{x} = -5x + 2(\dot{x} + 4x)$$
$$\ddot{x} + 2\dot{x} - 3x = 0$$
$$(D-1)(D+3)x = 0 \tag{7.7}$$
よって，任意定数 A, B に対して
$$x(t) = Ae^t + Be^{-3t} \tag{7.8}$$
が得られ，$\dot{x}(t) = Ae^t - 3Be^{-3t}$ となり，(7.5) に代入して
$$y(t) = 5Ae^t + Be^{-3t} \tag{7.9}$$
よって，$(x(0), y(0))$ が定められれば A, B も定められる． ◇

例 7.2 捕食生物と被食生物

水槽の中に，小魚とプランクトンが入っているとき，$x(t)$ を時刻 t での小魚の個体数，$y(t)$ を時刻 t でのプランクトンの個体数とする．小魚はプランクトンをエサとし，プランクトンの栄養分は外部から豊富に供給されているものとする．

小魚の数 $x(t)$ が大きいほど，プランクトンの増加率 $\dot{y}(t)$ は小さくなるであろう．プランクトンの数 $y(t)$ があまりに小さくなってしまって，小魚のエサが少なくなってしまうと，今度は小魚が餓死するようになって，$\dot{x}(t)$ が小さくなりはじめる．小魚の数 $x(t)$ が十分小さくなり，プランクトンを食べる小魚が少なくなると，今度はプランクトンが増えはじめる．このように小魚とプランクトンの個体数の増加率 $\dot{x}(t), \dot{y}(t)$ に対して，(7.3) を仮定してみる．

水槽が十分大きく，生存環境が十分良いとき，小魚もプランクトンも，出生率は自然死亡率より大きいと考え，$a, d > 0$ とし，プランクトンが多いほど小魚の増加率は大きくなることより，$b > 0$ とでき，小魚が多いほどプランクトンは減少するので，$c < 0$ と仮定できる．以下では (7.3) で $a, b, d = 1$, $c = -1$ の場合を考察する．

$$\frac{dx}{dt} = x + y$$
$$\frac{dy}{dt} = -x + y \tag{7.10}$$

を考える．例 7.1 と同様に y を消去して
$$\ddot{x}(t) - 2\dot{x}(t) + 2x(t) = 0$$
特性方程式は $p^2 - 2p + 2 = 0$ となり，$p = 1 \pm i$ となる．このことより解は
$$x(t) = e^t(A\cos t + B\sin t)$$
$$y(t) = e^t(B\cos t - A\sin t) \tag{7.11}$$
となる．

ただし捕食生物と被食生物の個体数に関する微分方程式として，(7.3) は十分適当とはいえず，ロトカ・ヴォルテラの方程式
$$\frac{dx}{dt} = ax - bxy$$
$$\frac{dy}{dt} = -cy + dxy$$
$$(a, b, c, d > 0)$$
が一般的である[*1]．◇

固有ベクトル

なお，(7.3) の解法には例 7.1 のように y を消去する方法以外に，以下の方法もある．

(7.3) は $\dot{\mathbb{P}} = \mathbb{A}\mathbb{P}$ と書けることより，第 3 章で $y'' + ay' + by = 0$ の解を e^{pt} とおいて p を求めた方法を考える．この場合，解はベクトルなので，
$$\mathbb{P} = \begin{pmatrix} x(t) \\ y(t) \end{pmatrix} = \begin{pmatrix} k_1 \\ k_2 \end{pmatrix} e^{pt} = \boldsymbol{k} e^{pt} \tag{7.12}$$
とおいて，$\dot{\mathbb{P}} = \mathbb{A}\mathbb{P}$ に代入すると

[*1] [9] などを参照．

$$pke^{pt} = \mathbb{A}ke^{pt}$$

$$p\begin{pmatrix} k_1 \\ k_2 \end{pmatrix} = \begin{pmatrix} a & b \\ c & d \end{pmatrix}\begin{pmatrix} k_1 \\ k_2 \end{pmatrix}$$

$$(\mathbb{A} - pI)\boldsymbol{k} = \boldsymbol{0} \tag{7.13}$$

よって $\boldsymbol{k} \neq \boldsymbol{0}$ の解をもつためには

$$\det(\mathbb{A} - pI) = 0$$
$$(a - p)(d - p) - bc = 0$$
$$p^2 - (a + d)p + (ad - bc) = 0 \tag{7.14}$$

という特性方程式を p はみたさなければならない．そのような $p = p_1, p_2$（$p_1 \neq p_2$ とする）に対して，p_1, p_2 を固有値とする固有ベクトル $\boldsymbol{k}_1 = \begin{pmatrix} k_{11} \\ k_{12} \end{pmatrix}$, $\boldsymbol{k}_2 = \begin{pmatrix} k_{21} \\ k_{22} \end{pmatrix}$ は (7.13) より，

$$p_1\boldsymbol{k}_1 = \mathbb{A}\boldsymbol{k}_1, \qquad p_2\boldsymbol{k}_2 = \mathbb{A}\boldsymbol{k}_2$$

により求められる．このとき解は

$$\mathbb{P} = C_1\boldsymbol{k}_1 e^{p_1 t} + C_2\boldsymbol{k}_2 e^{p_2 t} \tag{7.15}$$

として求められる．とくに $t = 0$ での初期条件

$$\begin{pmatrix} 1 \\ 0 \end{pmatrix} = \bar{C}_1\boldsymbol{k}_1 + \bar{C}_2\boldsymbol{k}_2, \qquad \begin{pmatrix} 0 \\ 1 \end{pmatrix} = \hat{C}_1\boldsymbol{k}_1 + \hat{C}_2\boldsymbol{k}_2 \tag{7.16}$$

をみたす $(C_1, C_2) = (\bar{C}_1, \bar{C}_2), (\hat{C}_1, \hat{C}_2)$ に対する (7.15) を基本解という．

7.2 解軌道と漸近挙動

━━━━━━━━━━━━━━━━━━━━━━━━ 解軌道を求める

例 7.1 では，(7.8), (7.9) より，$(x(t), y(t))$ はすべての t について求められたが，$(x(t), y(t))$ の軌跡である解軌道 $(x, y(x))$ はわからない．すなわち t を定めるごとに x 座標，y 座標は定められるが，$(x(t), y(t))$ がどのような曲線上を運動するかはわからない．(7.8), (7.9) より t を消去して x と y の関係を求めたい．そのために (2.2) を利用する．

(2.2) より，(7.3) は

$$\frac{dy}{dx} = \frac{cx + dy}{ax + by} \tag{7.17}$$

となる.

例 7.3

$$\mathbb{A} = \begin{pmatrix} -4 & 1 \\ -5 & 2 \end{pmatrix}$$

に対して (7.17) を解く.

$$\frac{dy}{dx} = \frac{-5x + 2y}{-4x + y} \tag{7.18}$$

これは同次形なので (2.24) を利用する.

$$\frac{dy}{dx} = \frac{-5 + 2\frac{y}{x}}{-4 + \frac{y}{x}} = \frac{-5 + 2\theta}{-4 + \theta}$$

(2.25) より

$$x\theta' = \frac{-5 + 2\theta}{-4 + \theta} - \theta = \frac{-\theta^2 + 6\theta - 5}{-4 + \theta}$$

これは変数分離形.

$$\frac{-\theta + 4}{\theta^2 - 6\theta + 5} d\theta = \frac{1}{x} dx \tag{7.19}$$

$\theta^2 - 6\theta + 5 = (\theta - 5)(\theta - 1)$ として

$$\int \left(\frac{-1/4}{\theta - 5} + \frac{-3/4}{\theta - 1} \right) d\theta = \int \frac{1}{x} dx$$

$$-\frac{1}{4} \log |\theta - 5| - \frac{3}{4} \log |\theta - 1| = \log |x| + C$$

よって

$$\begin{aligned} C_1 &= |\theta - 5|^{\frac{1}{4}} |\theta - 1|^{\frac{3}{4}} |x| \\ C_1^{\,4} &= \left| \frac{y}{x} - 5 \right| \left| \frac{y}{x} - 1 \right|^3 |x|^4 \end{aligned} \tag{7.20}$$

最終的に
$$(y-5x)(y-x)^3 = C_2 \tag{7.21}$$
$C_2 = 0$ のとき，解は $y = 5x$, $y = x$ でこれは原点を通る解．なお (7.18) は原点 $(x,y) = (0,0)$ で $y'(0) = \dfrac{0}{0}$ の不定形になっており，原点を初期値とする解をコンピュータで求めるのは困難になっている．$C_2 \neq 0$ のときは，$u = y - 5x$, $w = y - x$ とし，新たな座標系 (u, w) で，$u = \dfrac{C}{w^3}$ を考えることになる．((u, w) は直交系ではない．)

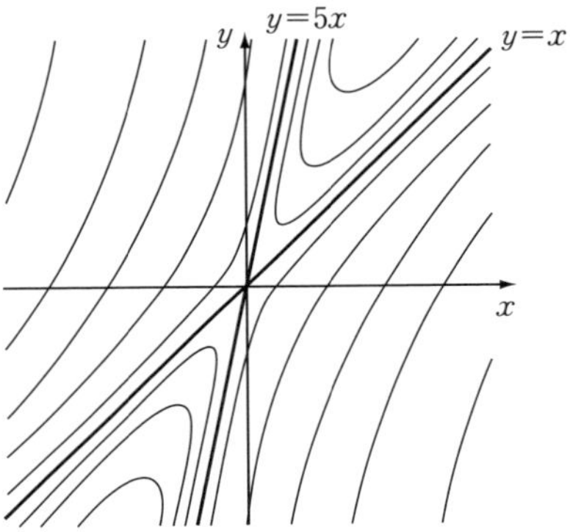

図7.2

$t = 0$ での位置 $(x(0), y(0))$ が定められれば，解軌道も定まり，(7.8), (7.9) より，$t \to \infty$ のとき，解軌道に沿って，どの方向に運動していくかがわかる．このことは次項で学ぶ． ◇

例7.4
$$\frac{dy}{dx} = \frac{x + 2y}{2x + y} \tag{7.22}$$
を考える．これまでと同様に計算すると
$$\frac{-\theta - 2}{\theta^2 - 1} d\theta = \frac{1}{x} dx$$
$$\log \frac{\theta + 1}{(\theta - 1)^3} = 2 \log x + C$$
これより
$$y + x = C(y - x)^3$$
$u = x + y$, $w = y - x$ とおいて $u = Cw^3$ のグラフを書けばよい．ここでは，あらゆる解は原点を通る．(図7.5.) ◇

例7.5 (7.10) の解軌道を求めてみよう．

$$\frac{dy}{dx} = \frac{-x+y}{x+y} \tag{7.23}$$

を解く．これまでと同様に

$$\frac{1+\theta}{\theta^2+1}d\theta = -\frac{1}{x}dx \tag{7.24}$$

となるので，

$$\frac{1}{2}\frac{2\theta}{\theta^2+1}d\theta + \frac{1}{\theta^2+1}d\theta = -\frac{1}{x}dx$$

$$\frac{1}{2}\log(\theta^2+1) + \arctan\theta = -\log x + C$$

$$\frac{1}{2}\log\left(\frac{y^2}{x^2}+1\right) + \frac{1}{2}\log x^2 + \arctan\frac{y}{x} = C$$

$$\frac{1}{2}\log(y^2+x^2) + \arctan\frac{y}{x} = C$$

これで (7.23) の解のみたす方程式は得られた．

しかし，このままでは解曲線は描けないので，極座標変換

$$x = r\cos\varphi, \quad y = r\sin\varphi$$

を用いると，

$$\arctan\frac{y}{x} = \arctan\tan\varphi = \varphi$$

より，

$$\log r + \varphi = C$$
$$r = C_1 e^{-\varphi}$$

よって

$$x = C_1 e^{-\varphi}\cos\varphi$$
$$y = C_1 e^{-\varphi}\sin\varphi$$

これは角度 φ が大きくなっていくと半径 r が小さくなっていくので図 7.3 のようになる．◇

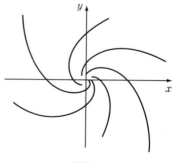

図 7.3

(7.17) は同次形の方程式 $y' = f\left(\dfrac{y}{x}\right)$ であるから，図 7.2〜7.3 において，任

意の $a \in \mathbb{R}$ に対して $y = ax$ と解軌道の交点上で $y'(x)$ は一定になっている.

漸近挙動

> 微分方程式 (7.3) に初期値
> $$\begin{pmatrix} x(0) \\ y(0) \end{pmatrix} = \begin{pmatrix} x_0 \\ y_0 \end{pmatrix} \tag{7.25}$$
> が課せられた解の解軌道は (7.17) の初期値 $y(x_0) = y_0$ をみたす解となる.このとき $t \to \infty$ または $t \to -\infty$ とするとき,解 $\mathbb{P}(t)$ は解軌道上をどのように動いていくかを考える.なお,$x_0 = y_0 = 0$ のときは,(7.3) から $\dot{\mathbb{P}}(t) = \mathbf{0}$ となり,$\mathbb{P}(t)$ は原点から動かない.

例 7.6 例 7.1 では,(7.5),(7.6) の一般解が (7.8),(7.9) で与えられることにより,(7.25) をみたす解は

$$\begin{pmatrix} x(t) \\ y(t) \end{pmatrix} = \begin{pmatrix} 1 & 1 \\ 5 & 1 \end{pmatrix} \begin{pmatrix} \dfrac{-x_0 + y_0}{4} e^t \\ \dfrac{5x_0 - y_0}{4} e^{-3t} \end{pmatrix} \tag{7.26}$$

で与えられる.とくに $y_0 = x_0$ のとき,解は解軌道 $y = x$ 上にあって,

$$\begin{pmatrix} x(t) \\ y(t) \end{pmatrix} = x_0 e^{-3t} \begin{pmatrix} 1 \\ 1 \end{pmatrix}$$

で与えられ,$y_0 = 5x_0$ のときは解軌道 $y = 5x$ 上

$$\begin{pmatrix} x(t) \\ y(t) \end{pmatrix} = x_0 e^t \begin{pmatrix} 1 \\ 5 \end{pmatrix}$$

で与えられる.$t \to \infty$ とするとき,解の進行方向は図 7.4 のようになる.

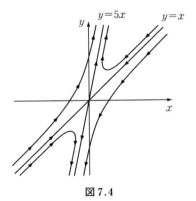

図 7.4

$t \to \infty$ のとき,点 (x_0, y_0) が直線 $y = x$ 上にあるときは,$\mathbb{P}(t) \to \mathbf{0}$ となり,点 (x_0, y_0) が半平面 $\{(x, y) \,|\, x < y\}$ 上にあるときは $|\mathbb{P}(t) - (t, 5t)| \to 0$ となり,点 (x_0, y_0) が半平面 $\{(x, y) \,|\, x > y\}$

上にあるときは $|\mathbb{P}(t)-(-t,-5t)|\to 0$ となる． ◇

例 7.7 (7.22) の場合，すなわち
$$\mathbb{A}=\begin{pmatrix} 2 & 1 \\ 1 & 2 \end{pmatrix}$$
であるとき，(7.3) の解の解軌道は例 7.4 で与えられる．初期値 (7.25) をみたす解は $p_1=1$, $p_2=3$

$$\begin{pmatrix} x(t) \\ y(t) \end{pmatrix} = \begin{pmatrix} 1 & 1 \\ -1 & 1 \end{pmatrix} \begin{pmatrix} \dfrac{x_0-y_0}{2}e^t \\ \dfrac{x_0+y_0}{2}e^{3t} \end{pmatrix} \tag{7.27}$$

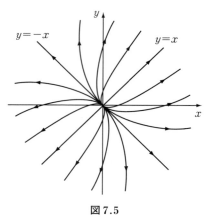

図 7.5

で与えられ，$t\to\infty$ のとき，図 7.5 のように進む． ◇

7.3 平衡点の安定性

(7.4) の解軌道を与える方程式
$$\frac{dy}{dx}=\frac{f_2(x,y)}{f_1(x,y)} \tag{7.28}$$
に対して，
$$f_1(x,y)=f_2(x,y)=0$$
となる $\begin{pmatrix} x \\ y \end{pmatrix}$ を平衡点という．例 7.3 〜 例 7.5 では平衡点は原点である．ある $t=t_0$ で $\begin{pmatrix} x(t_0) \\ y(t_0) \end{pmatrix}$ が平衡点であるならば，(7.4) より $\begin{pmatrix} \dot{x}(t_0) \\ \dot{y}(t_0) \end{pmatrix}=\begin{pmatrix} 0 \\ 0 \end{pmatrix}$ となり，解は平衡点に留まる．

平衡点 $\begin{pmatrix} x_0 \\ y_0 \end{pmatrix}$ の近傍の点 $\begin{pmatrix} x_1 \\ y_1 \end{pmatrix}$ を初期値とする (7.4) の解 $\begin{pmatrix} x(t) \\ y(t) \end{pmatrix}$ に対して，
$$\lim_{t\to\infty}\begin{pmatrix} x(t) \\ y(t) \end{pmatrix}=\begin{pmatrix} x_0 \\ y_0 \end{pmatrix}$$

が成り立つとき，平衡点 $\begin{pmatrix} x_0 \\ y_0 \end{pmatrix}$ は安定であるという．

以下では，(7.17) の平衡点の安定性を考える．(7.17) の解曲線の様子は

$$D := ad - bc, \quad E := (a-d)^2 + 4bc = (a+d)^2 - 4D \tag{7.29}$$

の符号で大きく異なる．

(7.18) では $D = -3 < 0, \quad E = 16 > 0$
(7.22) では $D = 3 > 0, \quad E = 4 > 0$
(7.23) では $D = 2 > 0, \quad E = -4 < 0$

になっている．

以下では，$b \neq 0$ かつ $E > 0$ の場合を考える．

(7.3) は例 7.1 と同様に $b \neq 0$ のとき，$y = \dfrac{1}{b}(\dot{x} - ax)$ より，y を消去して，

$$\ddot{x} - (a+d)\dot{x} + (ad-bc)x = 0$$

となり，$E > 0$ のとき，特性方程式 $p^2 - (a+d)p + ad - bc = 0$ の解は

$$p_1 = \frac{a+d-\sqrt{E}}{2}, \quad p_2 = \frac{a+d+\sqrt{E}}{2} \tag{7.30}$$

と書け，このとき $x(t) = Ae^{p_1 t} + Be^{p_2 t}$ となり，$y(t)$ も求められる．

ここで
$$D = p_1 p_2$$
なので，$D > 0$ ならば p_1 と p_2 は同符号で，$D < 0$ ならば p_1 と p_2 は異符号となる．このとき解曲線はどうなるか見てみよう．

(7.17) は (7.19), (7.24) と同様に変数分離形

$$\frac{b\theta + a}{-b\theta^2 + (d-a)\theta + c} d\theta = \frac{1}{x} dx \tag{7.31}$$

となる[*2]．さらに，

[*2] (7.19) で $\theta^2 - 6\theta + 5$ は因数分解できるが，(7.24) で $\theta^2 + 1$ は因数分解できないことに注意する．

$$\frac{b\theta + a}{-b\theta^2 + (d-a)\theta + c} = \frac{-\theta - \dfrac{a}{b}}{(\theta - \theta_1)(\theta - \theta_2)} \tag{7.32}$$

$$\theta_1, \theta_2 = \frac{d - a \pm \sqrt{E}}{2b} \tag{7.33}$$

となる．(7.30), (7.33) より，

$$\theta_1 = \frac{p_1 - a}{b}, \quad \theta_2 = \frac{p_2 - a}{b} \tag{7.34}$$

となっている．(7.32) を部分分数分解して

$$\frac{-\theta - \dfrac{a}{b}}{(\theta - \theta_1)(\theta - \theta_2)} = -\left(\frac{\alpha}{\theta - \theta_1} + \frac{\beta}{\theta - \theta_2}\right)$$

$$\alpha + \beta = 1, \quad -\alpha\theta_2 - \beta\theta_1 = \frac{a}{b} \tag{7.35}$$

となることにより (7.31) の解は (7.21) と同様に，

$$(y - \theta_1 x)^\alpha (y - \theta_2 x)^\beta = C \tag{7.36}$$

で与えることができる．(7.35) の第 2 式に (7.34) を代入すると，

$$\frac{p_1}{p_2} = -\frac{\beta}{\alpha}$$

となることより，p_1, p_2 が同符号なら α, β は異符号，p_1, p_2 が異符号なら α, β は同符号となる．$\alpha = \dfrac{-p_2}{p_1 - p_2}$, $\beta = \dfrac{p_1}{p_1 - p_2}$ であるから，(7.36) は

$$(y - \theta_2 x)^{p_1} = C(y - \theta_1 x)^{p_2} \tag{7.37}$$

となる．よって $b \neq 0$ かつ $E > 0$ の場合，

(i) $D > 0$ のとき

$D = p_1 p_2$ より，p_1 と p_2 は同符号で任意定数 C に対して解 (7.37) は原点を通る．このとき原点は結節点であるという．

(a) $p_1 < 0$, $p_2 < 0$ のとき．$t \to \infty$ のとき，解は平衡点に近づくことより，このような結節点を安定結節点という．

(b) $p_1 > 0$, $p_2 > 0$ のとき．平衡点を不安定結節点という．

(ii) $D < 0$ のとき

p_1 と p_2 は異符号となり,解 (7.37) は初期値 (x_0, y_0) が直線 $y = \theta_1 x$ または $y = \theta_2 x$ 上にあるときのみ原点を通る.このとき原点は鞍点であるという.$t \to \infty$ のとき,解 $y = \theta_1 x$ と $y = \theta_2 x$ の一方は平衡点に近づき,他方は平衡点から離れていく.このことより,鞍点は不安定である.

なお,(7.23) において,原点は渦状点であるという.(7.11) より $t \to \infty$ のとき,図 7.3 の曲線上を原点から離れる方向に進む.このような平衡点を不安定渦状点という[*3].

7.4 非斉次方程式

(7.4) において,$f_1(x, y), f_2(x, y)$ を形式的に $(0,0)$ でテーラー展開し,

$$f_1(x, y) = \sum_{m,n=0}^{\infty} a_{mn} x^m y^n, \quad f_2(x, y) = \sum_{m,n=0}^{\infty} b_{mn} x^m y^n$$

さらにその非線形項を無視することにより

$$\begin{pmatrix} \dot{x}(t) \\ \dot{y}(t) \end{pmatrix} = \begin{pmatrix} a_{10} x(t) + a_{01} y(t) + a_{00} \\ b_{10} x(t) + b_{01} y(t) + b_{00} \end{pmatrix} \tag{7.38}$$

を (7.4) の代用とする.また a_{mn}, b_{mn} が t に依存することもあるが,ここでは a_{00}, b_{00} のみが t に依存する場合を考える.

$$\mathbb{A} = \begin{pmatrix} a & b \\ c & d \end{pmatrix}, \quad F(t) = \begin{pmatrix} F_1(t) \\ F_2(t) \end{pmatrix}$$

に対して,

$$\begin{cases} U' + \mathbb{A} U = F \\ U(0) = \begin{pmatrix} C_1 \\ C_2 \end{pmatrix} \end{cases} \tag{7.39}$$

の解 $U = \begin{pmatrix} \phi(t) \\ \psi(t) \end{pmatrix}$ を求める.以下では $b \neq 0$ とする.

[*3] a, b, c, d による平衡点の安定性の分類については [4] などを参照.

ステップ1 (7.39) を

$$\begin{cases} \tilde{U}' + \mathbb{A}\tilde{U} = 0 \\ \tilde{U}(0) = \begin{pmatrix} C_1 \\ C_2 \end{pmatrix} \end{cases} \quad (7.40)$$

と

$$\begin{cases} \hat{U}' + \mathbb{A}\hat{U} = F \\ \hat{U}(0) = \begin{pmatrix} 0 \\ 0 \end{pmatrix} \end{cases} \quad (7.41)$$

に分解して考える．

ステップ2 (7.40) を解く．そのためにまず

$$\begin{cases} \tilde{U}_1' + \mathbb{A}\tilde{U}_1 = 0 \\ \tilde{U}_1(0) = \begin{pmatrix} 1 \\ 0 \end{pmatrix} \end{cases}, \quad \begin{cases} \tilde{U}_2' + \mathbb{A}\tilde{U}_2 = 0 \\ \tilde{U}_2(0) = \begin{pmatrix} 0 \\ 1 \end{pmatrix} \end{cases}$$

の解

$$\tilde{U}_1(t) = \begin{pmatrix} \tilde{\phi}_1(t) \\ \tilde{\psi}_1(t) \end{pmatrix}, \quad \tilde{U}_2(t) = \begin{pmatrix} \tilde{\phi}_2(t) \\ \tilde{\psi}_2(t) \end{pmatrix}$$

に対して，

$$\Phi = \begin{pmatrix} \tilde{\phi}_1(t) & \tilde{\phi}_2(t) \\ \tilde{\psi}_1(t) & \tilde{\psi}_2(t) \end{pmatrix} \quad (7.42)$$

とする．(7.40) の解 $\tilde{U}$ を $\tilde{U}_1$ と $\tilde{U}_2$ を使って表すと

$$\tilde{U} = C_1 \tilde{U}_1 + C_2 \tilde{U}_2 = \Phi \begin{pmatrix} C_1 \\ C_2 \end{pmatrix} \quad (7.43)$$

で与えられる．

ステップ3 基本解 $\tilde{U}_1$ と $\tilde{U}_2$ を求める．一般に

$$\begin{pmatrix} u' \\ v' \end{pmatrix} + \begin{pmatrix} a & b \\ c & d \end{pmatrix} \begin{pmatrix} u \\ v \end{pmatrix} = \begin{pmatrix} 0 \\ 0 \end{pmatrix}$$

に対して，$v = -\dfrac{1}{b}(u' + au)$ とすると，

$$u'' + (a+d)u' + (ad-bc)u = 0$$

となり，$u = e^{pt}$ とすると，特性方程式 $p^2 + (a+d)p + (ad-bc) = 0$ が得られ，その解は

$$p = \frac{-(a+d) \pm \sqrt{(a+d)^2 - 4(ad-bc)}}{2}$$

となる．p は 2 つあり，それを p_1, p_2 とする．

(i) $p_1 \neq p_2$ の場合

ここでは $p_1 \neq p_2$ すなわち $(a+d)^2 - 4(ad-bc) \neq 0$ とする．
$\tilde{\phi}_1 = \alpha e^{p_1 t} + \beta e^{p_2 t}$ とおくと，

$$\tilde{\psi}_1 = -\frac{1}{b}(\tilde{\phi}_1' + a\tilde{\phi}_1)$$
$$= -\frac{1}{b}(\alpha p_1 e^{p_1 t} + \beta p_2 e^{p_2 t} + a(\alpha e^{p_1 t} + \beta e^{p_2 t}))$$

また $\tilde{\phi}_2(t) = \gamma e^{p_1 t} + \delta e^{p_2 t}$ とおくと，同様に $\tilde{\psi}_2$ は得られ，

$$m_1 := -\frac{1}{b}(p_1 + a), \quad m_2 := -\frac{1}{b}(p_2 + a)$$

と表すことにすると，

$$\begin{pmatrix} \tilde{\phi}_1(t) \\ \tilde{\psi}_1(t) \end{pmatrix} = \alpha e^{p_1 t} \begin{pmatrix} 1 \\ m_1 \end{pmatrix} + \beta e^{p_2 t} \begin{pmatrix} 1 \\ m_2 \end{pmatrix}$$
$$\begin{pmatrix} \tilde{\phi}_2(t) \\ \tilde{\psi}_2(t) \end{pmatrix} = \gamma e^{p_1 t} \begin{pmatrix} 1 \\ m_1 \end{pmatrix} + \delta e^{p_2 t} \begin{pmatrix} 1 \\ m_2 \end{pmatrix} \quad (7.44)$$
$$\begin{pmatrix} \tilde{\phi}_1(0) \\ \tilde{\psi}_1(0) \end{pmatrix} = \begin{pmatrix} 1 \\ 0 \end{pmatrix}, \quad \begin{pmatrix} \tilde{\phi}_2(0) \\ \tilde{\psi}_2(0) \end{pmatrix} = \begin{pmatrix} 0 \\ 1 \end{pmatrix}$$

より $\alpha, \beta, \gamma, \delta$ は

$$\begin{cases} \alpha = \dfrac{p_2 + a}{p_2 - p_1} \\ \beta = 1 - \alpha \end{cases}, \quad \begin{cases} \gamma = \dfrac{b}{p_2 - p_1} \\ \delta = -\gamma \end{cases} \quad (7.45)$$

で与えられる．

に対して，(7.42) の Φ は

$$\mathbb{H} = \begin{pmatrix} 1 & 1 \\ m_1 & m_2 \end{pmatrix}, \quad \mathbb{J}(t) = \begin{pmatrix} e^{p_1 t} & 0 \\ 0 & e^{p_2 t} \end{pmatrix}, \quad \mathbb{K} = \begin{pmatrix} \alpha & \gamma \\ \beta & \delta \end{pmatrix} \tag{7.46}$$

に対して，(7.42) の Φ は

$$\begin{aligned} \Phi &= \mathbb{H}\mathbb{J}(t)\mathbb{K} \\ &= e^{p_1 t} \mathbb{H} \begin{pmatrix} 1 & 0 \\ 0 & 0 \end{pmatrix} \mathbb{K} + e^{p_2 t} \mathbb{H} \begin{pmatrix} 0 & 0 \\ 0 & 1 \end{pmatrix} \mathbb{K} \end{aligned} \tag{7.47}$$

で表される．よって (7.40) の解 (7.43) は

$$\begin{pmatrix} \tilde{\phi}_1 & \tilde{\phi}_2 \\ \tilde{\psi}_1 & \tilde{\psi}_2 \end{pmatrix} \begin{pmatrix} C_1 \\ C_2 \end{pmatrix} = (C_1 \alpha + C_2 \gamma) e^{p_1 t} \begin{pmatrix} 1 \\ m_1 \end{pmatrix} + (C_1 \beta + C_2 \delta) e^{p_2 t} \begin{pmatrix} 1 \\ m_2 \end{pmatrix} \tag{7.48}$$

ステップ4 次に (7.41) を解く．まず Φ^{-1} が (7.41) の積分因子であること，すなわち

$$\Phi^{-1}(\hat{U}' + \mathbb{A}\hat{U}) = (\Phi^{-1}\hat{U})'$$

を示す．$\Phi' + \mathbb{A}\Phi = \mathbf{0}$ が成り立っている．この式に右から Φ^{-1} を掛けると，$\Phi'\Phi^{-1} + \mathbb{A} = \mathbf{0}$ を得る．よって $\mathbb{A} = -\Phi'\Phi^{-1}$ となるから，

$$\begin{aligned} \hat{U}' + \mathbb{A}\hat{U} &= (\Phi\Phi^{-1}\hat{U})' - \Phi'\Phi^{-1}\hat{U} \\ &= \Phi'(\Phi^{-1}\hat{U}) + \Phi(\Phi^{-1}\hat{U})' - \Phi'\Phi^{-1}\hat{U} \\ &= \Phi(\Phi^{-1}\hat{U})' \end{aligned}$$

より Φ^{-1} は積分因子になっている．よって

$$(\Phi^{-1}\hat{U})' = \Phi^{-1}(\hat{U}' + \mathbb{A}\hat{U}) = \Phi^{-1}F$$

よって

$$\int_0^t (\Phi^{-1}(s)\hat{U}(s))' \, ds = \int_0^t \Phi^{-1}(s) F(s) \, ds$$

$$\Phi^{-1}\hat{U}(t) - \Phi^{-1}\hat{U}(0) = \int_0^t \Phi^{-1}(s) F(s) \, ds$$

となり，(7.41) の解は

$$\hat{U}(t) = \Phi(t)\int_0^t \Phi^{-1}(s)F(s)\,ds$$

$$= \mathbb{H}\mathbb{J}(t)\mathbb{K}\int_0^t \mathbb{K}^{-1}\mathbb{J}^{-1}(s)\mathbb{H}^{-1}F(s)\,ds$$

$$= \int_0^t \mathbb{H}\mathbb{J}(t)\mathbb{J}^{-1}(s)\mathbb{H}^{-1}F(s)\,ds$$

$$= \int_0^t \mathbb{H}\mathbb{J}(t-s)\mathbb{H}^{-1}F(s)\,ds \quad (7.49)$$

となる．ここで

$$\mathbb{H}\mathbb{J}(t-s)\mathbb{H}^{-1}F = e^{p_1(t-s)}\mathbb{H}\begin{pmatrix}1 & 0 \\ 0 & 0\end{pmatrix}\mathbb{H}^{-1}F + e^{p_2(t-s)}\mathbb{H}\begin{pmatrix}0 & 0 \\ 0 & 1\end{pmatrix}\mathbb{H}^{-1}F$$

$$\mathbb{H}\begin{pmatrix}1 & 0 \\ 0 & 0\end{pmatrix}\mathbb{H}^{-1}F = \frac{1}{m_2 - m_1}\begin{pmatrix}1 \\ m_1\end{pmatrix}(m_2 F_1 - F_2)$$

$$\mathbb{H}\begin{pmatrix}0 & 0 \\ 0 & 1\end{pmatrix}\mathbb{H}^{-1}F = \frac{1}{m_2 - m_1}\begin{pmatrix}1 \\ m_2\end{pmatrix}(-m_1 F_1 + F_2)$$

であることより，

$$\hat{U} = \frac{1}{m_2 - m_1}\left\{\begin{pmatrix}1 \\ m_1\end{pmatrix}e^{p_1 t}\int_0^t e^{-p_1 s}(m_2 F_1 - F_2)\,ds \right.$$
$$\left. + \begin{pmatrix}1 \\ m_2\end{pmatrix}e^{p_2 t}\int_0^t e^{-p_2 s}(-m_1 F_1 + F_2)\,ds\right\} \quad (7.50)$$

よって (7.39) の解

$$U(t) = \Phi(t)\begin{pmatrix}C_1 \\ C_2\end{pmatrix} + \Phi(t)\int_0^t \Phi^{-1}F(s)\,ds \quad (7.51)$$

は (7.48) と (7.50) とにより，

$$U = e^{p_1 t}A + e^{p_2 t}B$$
$$A = \begin{pmatrix}1 \\ m_1\end{pmatrix}\left\{(C_1\alpha + C_2\gamma) + \frac{1}{m_2 - m_1}\int_0^t e^{-p_1 s}(m_2 F_1 - F_2)\,ds\right\}$$
$$B = \begin{pmatrix}1 \\ m_2\end{pmatrix}\left\{(C_1\beta + C_2\delta) + \frac{1}{m_2 - m_1}\int_0^t e^{-p_2 s}(-m_1 F_1 + F_2)\,ds\right\}$$

$$(7.52)$$

(ii) $p_1 = p_2$ の場合

ここでは $p_1 = p_2$ すなわち $(a+d)^2 - 4(ad-bc) = 0$ とする.

$$p = p_1 = p_2 = -\frac{a+d}{2}, \quad m = -\frac{1}{b}(a+p)$$

とする. $p_1 \neq p_2$ の場合と同様, $\tilde{\phi}_1(t) = \alpha e^{pt} + \beta t e^{pt}$, $\tilde{\phi}_2(t) = \gamma e^{pt} + \delta t e^{pt}$ とおいて計算すると,

$$\Phi(t) = e^{pt}\begin{pmatrix} 1-mt & t \\ -m^2 t & 1+mt \end{pmatrix}$$

となることより,

$$\Phi(t)\begin{pmatrix} C_1 \\ C_2 \end{pmatrix} = e^{pt}\begin{pmatrix} C_1 \\ C_2 \end{pmatrix} + (-mC_1 + C_2) t e^{pt}\begin{pmatrix} 1 \\ m \end{pmatrix}$$

また

$$\Phi(t)\Phi^{-1}(s) = e^{p(t-s)}\left\{\begin{pmatrix} 1 & 0 \\ 0 & 1 \end{pmatrix} + (t-s)\begin{pmatrix} -m & 1 \\ -m^2 & m \end{pmatrix}\right\}$$

となることより,

$$\Phi(t)\int_0^t \Phi^{-1}F(s)\,ds = e^{pt}\int_0^t e^{-ps}\left\{\begin{pmatrix} F_1 \\ F_2 \end{pmatrix} + (t-s)(-mF_1 + F_2)\begin{pmatrix} 1 \\ m \end{pmatrix}\right\}ds$$

よって

$$\boxed{\begin{aligned} U &= e^{pt}\left\{\begin{pmatrix} C_1 \\ C_2 \end{pmatrix} + \int_0^t e^{-ps}\begin{pmatrix} F_1 \\ F_2 \end{pmatrix}ds\right\} \\ &+ \begin{pmatrix} 1 \\ m \end{pmatrix}\left\{te^{pt}(-mC_1 + C_2) + \int_0^t (t-s)e^{p(t-s)}(-mF_1 + F_2)\,ds\right\} \end{aligned}}$$

(7.53)

なお, 一般の n 次元の線形力学系については [14], [28] などを参照されたい.

第8章

特性曲線による解法

　xy 平面上の曲面が y について一定であるとき,すなわち $z(x)$ を y 方向に平行移動してつくられる曲面 $\tilde{z}(x,y) = z(x)$ に対して,座標系を回転するような変換 $(s,t) = (s(x,y), t(x,y))$ によって st 座標系で曲面を記述すると $z(x) = z(x(s,t))$ となり,s 方向にも t 方向にも一定とはならなくなる.同様に曲面 $z = f(x,y)$ はある座標変換によって $f(x(s,t), y(s,t)) = \tilde{f}(t)$ のように s について一定とすることができるのではないかと考えられる.以下ではこのような発想により,偏微分方程式を常微分方程式に変換することを考える.

8.1　方向微分による微分方程式

例 8.1　$^\forall y \in \mathbb{R}$ で関数 $z(y)$ は微分方程式 $z'(y) = z(y)$ をみたすとする.初期条件は,ある $x_0 \in \mathbb{R}$ に対して,$z(0) = \sin x_0$ で与える.そのときの解を $z_{x_0}(y)$ と書くと,

$$z_{x_0}(y) = \sin x_0 \cdot e^y \tag{8.1}$$

となる.ここで $f(x,y) = \sin x \cdot e^y$ とすると $z = f(x,y)$ は xy 平面上の曲面を与え,$^\forall x_0 \in \mathbb{R}$ に対して $z = f(x_0, y) = z_{x_0}(y)$ は xy 平面上の直線 $C_{x_0} = \{(x_0, y) \mid y \in \mathbb{R}\}$ 上の常微分方程式

$$\begin{cases} f_y(x_0, y) = f(x_0, y) \\ f(x_0, 0) = \sin x_0 \end{cases}$$

をみたす.

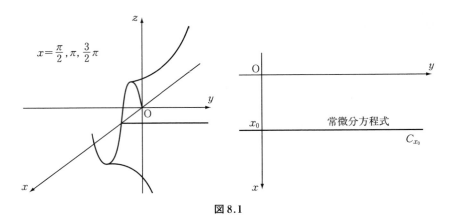

図 8.1

よって $f(x,y) = \sin x \cdot e^y$ は
$$\begin{cases} f_y(x,y) = f(x,y) & \text{in } \mathbb{R}^2 \\ f(x,0) = \sin x \end{cases}$$
をみたす． ◇

例 8.2 $z(x,y) = \sin(x-2y)$ は $^\forall s \in \mathbb{R}$ に対して，直線 $\ell_s = \{(x,y) \in \mathbb{R}^2 \mid x - 2y = s\}$ 上で一定値であり，
$$\begin{cases} 2z_x(x,y) + z_y(x,y) = 0 & \text{in } \mathbb{R}^2 \\ z(x,0) = \sin x \end{cases} \tag{8.2}$$
をみたす． ◇

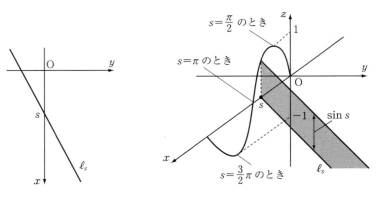

図 8.2

一般に $a_1^2 + a_2^2 = 1$ をみたすベクトル $\boldsymbol{a} = (a_1, a_2)$ に対して，微分作用素 $\nabla_a := \boldsymbol{a} \cdot \nabla = a_1 \dfrac{\partial}{\partial x} + a_2 \dfrac{\partial}{\partial y}$ を $\boldsymbol{a}$ 方向の方向微分という．(8.2) は $\boldsymbol{a} = \dfrac{1}{\sqrt{5}}(2, 1)$ に対して，

$$\begin{cases} \nabla_a z(x, y) = 0 & \text{in } \mathbb{R}^2 \\ z(x, 0) = \sin x \end{cases} \tag{8.3}$$

と表される．なお，曲面 $z(x, y)$ が

$$\nabla_a z(x, y) = z(x, y)$$

をみたすときは，曲面 $z(x, y)$ を $\boldsymbol{a}$ 方向に切ったときの断面に現れる曲線の接線の傾きが xy 平面からの曲面の高さ $z(x, y)$ に等しいことを意味する．(図 8.4.)

例 8.2 において，直線 ℓ_s がパラメータ表示され，$\ell_s(t) = \{(x(t), y(t)) \in \mathbb{R}^2 \mid x(t) - 2y(t) = s\}$ と表されるとき，$z(t) = \sin(x(t) - 2y(t))$ は $\ell_s(t)$ 上で常微分方程式 $\dfrac{d}{dt} z(t) = 0$ をみたすことになる．図 8.2 で，x 軸上の点 $(s, 0)$ が $\ell_s(0)$ となるように $\ell_s(t)$ を定める．(8.4) では，$\ell_s(t)$ 上で $z(s, t)$ が $C_s e^t$ となる曲面が解曲面となる偏微分方程式を考える．初期条件が x 軸上で与えられているとき，C_s は初期条件で与えられる．

以下では座標を変換すること（今の場合，座標系の回転）によって，(8.3) を常微分方程式に変換することを考える．$\boldsymbol{a}$ 方向と新たな座標系における 1 つの座標軸が平行となるように座標変換を行えば，方向微分は通常の偏微分となるであろう．

8.2　グラディエントの変数変換

$$\begin{cases} 2z_x(x, y) + z_y(x, y) = z(x, y) & \text{in } \mathbb{R}^2 \\ z(x, 0) = \sin x \end{cases} \tag{8.4}$$

を座標変換によって，常微分方程式に帰着して解を求める．そこで，関数 $z = f(x, y)$ のグラディエント $\mathrm{grad}\, f = (f_x, f_y)$ が座標変換（変数変換）

によって，どのように変換されるのかを考える．

関数 $z = f(x, y)$ において，x, y が s, t の関数 $x(s, t), y(s, t)$ となっているとき，(6.13) と同様に

$$\frac{\partial}{\partial s} f = \operatorname{grad} f \cdot (x_s, y_s)$$
$$\frac{\partial}{\partial t} f = \operatorname{grad} f \cdot (x_t, y_t)$$
(8.5)

すなわち $\bar{f}(s, t) = f(x(s, t), y(s, t))$ とし，$\operatorname{grad} f = \begin{pmatrix} f_x \\ f_y \end{pmatrix}$ と書くと，

$$\operatorname{grad} \bar{f}(s, t) = \begin{pmatrix} x_s & y_s \\ x_t & y_t \end{pmatrix} \operatorname{grad} f(x, y) \quad (8.6)$$

となり，st 座標系における曲面 $z = \bar{f}(s, t)$ の最大勾配方向 $\operatorname{grad} \bar{f}(s, t)$ は xy 座標系における最大勾配方向 $\operatorname{grad} f(x, y)$ の $\begin{pmatrix} x_s & y_s \\ x_t & y_t \end{pmatrix}$ による1次変換によって与えられる．

(8.4) において，$\bar{z}(s, t) := z(x(s, t), y(s, t))$ に対して，
$$\begin{pmatrix} x_s & y_s \\ x_t & y_t \end{pmatrix} = \begin{pmatrix} \alpha & \beta \\ 2 & 1 \end{pmatrix}, \quad {}^\exists \alpha, {}^\exists \beta \in \mathbb{R}$$
となるように変換すれば，
$$\begin{aligned}\bar{z}_t(s, t) &= x_t \cdot z_x(x, y) + y_t \cdot z_y(x, y) \\ &= 2z_x(x, y) + z_y(x, y)\end{aligned} \quad (8.7)$$
となり，$2z_x(x, y) + z_y(x, y)$ は，st 座標系では $\bar{z}_t(s, t)$ のみで表され，$\bar{z}_s(s, t)$ は必要とならない．α, β は st 座標系での初期条件を設定するために用いる．

例 8.3 (1) 座標変換が
$$\begin{pmatrix} x \\ y \end{pmatrix} = \begin{pmatrix} a & b \\ c & d \end{pmatrix} \begin{pmatrix} s \\ t \end{pmatrix} \quad (8.8)$$
で与えられるとき，(8.6) において，

8.2 グラディエントの変数変換

$$\begin{pmatrix} x_s & y_s \\ x_t & y_t \end{pmatrix} = \begin{pmatrix} a & c \\ b & d \end{pmatrix} \tag{8.9}$$

となる．しかしここでは，(8.9) が与えられていて，(8.9) をみたす変換を求めることを考える．つまり，

(2) ある座標変換によって，グラディエントの変数変換が

$$\mathrm{grad}\,\bar{f}(s,t) = \begin{pmatrix} \alpha & \beta \\ \gamma & \delta \end{pmatrix} \mathrm{grad}\,f(x,y) \tag{8.10}$$

によって与えられるような座標変換を求める問題を考える．すなわち

$$\begin{pmatrix} x_s & y_s \\ x_t & y_t \end{pmatrix} = \begin{pmatrix} \alpha & \beta \\ \gamma & \delta \end{pmatrix}$$

となるような座標変換を求めたい．((8.3) では $(\gamma, \delta) = (a_1, a_2)$ に対応する．)

$x_s = \alpha, x_t = \gamma$ より

$$x(s,t) = \alpha s + C_1(t)$$
$$= \gamma t + C_2(s)$$

となる．ここで $C_1(t), C_2(s)$ はそれぞれ t, s の任意関数．よって任意定数 C に対して

$$x(s,t) = \alpha s + \gamma t + C$$

となり，同様に任意定数 $\bar{C}$ に対して

$$y(s,t) = \beta s + \delta t + \bar{C}$$

すなわち座標変換

$$\begin{pmatrix} x \\ y \end{pmatrix} = \begin{pmatrix} \alpha & \gamma \\ \beta & \delta \end{pmatrix} \begin{pmatrix} s \\ t \end{pmatrix} + \begin{pmatrix} C \\ \bar{C} \end{pmatrix} \tag{8.11}$$

に対して (8.10) が成り立つ． ◇

よって xy 座標系での偏微分方程式

$$\gamma f_x(x,y) + \delta f_y(x,y) = f(x,y) \tag{8.12}$$

は，座標変換 (8.11) によって，st 座標系での常微分方程式

$$\bar{f}_t(s,t) = \bar{f}(s,t) \tag{8.13}$$

に変換される．このことから (8.13) の解を求めることによって，(8.12) の解が求められることがわかる[*1(次ページ)]．

8.3 座標変換して常微分方程式にする

例 8.4 (8.2) において,グラディエントの変数変換 (8.10) を $(\gamma, \delta) = (2, 1)$ で行うことができれば,$\bar{z}(s, t) := z(x(s, t), y(s, t))$ に対して,(8.7) とできる.よって座標変換 (8.11) を

$$\begin{pmatrix} x \\ y \end{pmatrix} = \begin{pmatrix} \alpha & 2 \\ \beta & 1 \end{pmatrix} \begin{pmatrix} s \\ t \end{pmatrix} \tag{8.14}$$

で考える.($C = \bar{C} = 0$ とした.)

> (8.2) は常微分方程式 $\bar{z}_t(s, t) = 0$ となるが,図 8.2 のように,初期条件が x 軸上で与えられている.$\bar{z}_t(s, t) = 0$ は直線 ℓ_s のパラメータ表示 $\ell_s(t)$ 上の常微分方程式とするので,初期値は $\ell_s(0)$ でとるものとする.よって初期条件を与える直線上で $t = 0$ となるように (8.14) の α, β を定める[*2].

よって

$$\begin{pmatrix} x \\ 0 \end{pmatrix} = \begin{pmatrix} \alpha & 2 \\ \beta & 1 \end{pmatrix} \begin{pmatrix} s \\ 0 \end{pmatrix} = \begin{pmatrix} \alpha s \\ \beta s \end{pmatrix}$$

をみたすために $\beta = 0$ とする.α は x が任意の実数をとるように定めればよいので,$\alpha = 1$ とすればよい.最終的に

$$\begin{pmatrix} x \\ y \end{pmatrix} = \begin{pmatrix} 1 & 2 \\ 0 & 1 \end{pmatrix} \begin{pmatrix} s \\ t \end{pmatrix}$$

によって座標変換を行う.すると直線 ℓ_s のパラメータ表示 $\ell_s(t) = (x_s(t), y_s(t))$

$$\begin{cases} x_s(t) = 2t + s \\ y_s(t) = t \end{cases} \tag{8.15}$$

が与えられる.$\ell_s(t)$ は x 軸上の点 $(x_s(0), y_s(0)) = (s, 0)$ を通る.これを (s, t) について解くと,

$$\begin{cases} t = y \\ s = x - 2y \end{cases} \tag{8.16}$$

[*1] $\bar{f}_s(s, t) = \alpha f_x(x, y) + \beta f_y(x, y)$ は使わない.つまり α, β はこの段階では定められていない.

[*2] 初期条件が曲線上で与えられる場合もある.

8.3 座標変換して常微分方程式にする

によって st 座標系は定められる. s 軸 (t 軸) は t 座標 (s 座標) が 0 になる集合であることに注意する. st 座標系での初期条件は $t=0$ すなわち s 軸で与えるので, (8.16) より, $t = y = 0$, $s = x$ として初期条件を与える. xy 座標系での偏微分方程式 (8.2) は st 座標系での常微分方程式

$$\begin{cases} \bar{z}_t(s,t) = 0 \\ \bar{z}(s,0) = \sin s \end{cases} \quad (8.17)$$

に変換される. (8.17) の解 $\bar{z}(s,t) = \sin s$ は st 座標系での関数であるので, (8.2) の解は (8.16) より $z(x,y) = \sin(x-2y)$ で与えられる. xy 座標系に st 座標系を重ねると, s 軸は x 軸に重なり, t 軸は直線 $x = 2y$ に重なる. ◇

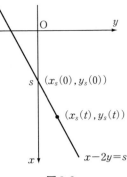

図 8.3

例 8.5 (8.4) の解を求める.

(8.4) は (8.17) と同様に $\ell_s(t)$ 上の常微分方程式

$$\begin{cases} \bar{z}_t(s,t) = \bar{z}(s,t) \\ \bar{z}(s,0) = \sin s \end{cases}$$
(8.18)

となり, その解は

$$\bar{z}(s,t) = \sin s \cdot e^t$$
(8.19)

で与えられる.

(8.16) より (8.19) は

$$z(x,y) = \sin(x-2y) \cdot e^y$$
(8.20)

となるので, (8.20) が (8.4) の解となる. ◇

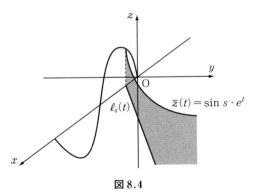

図 8.4

8.4 特性曲線

(8.20) の $z(x,y)$ は $\ell_s(t)$ 上で $z(x_s(t), y_s(t))$ と表され，t に関する微分は (8.15) より

$$\frac{\partial}{\partial t}z(x_s(t), y_s(t)) = \frac{\partial z}{\partial x}\frac{dx_s}{dt} + \frac{\partial z}{\partial y}\frac{dy_s}{dt}$$
$$= z_x \cdot 2 + z_y \cdot 1$$

で与えられる．よって $\bar{z}(s,t) = z(x_s(t), y_s(t))$ とするとき，偏微分方程式 (8.4) は $\ell_s(t)$ 上で常微分方程式となり，(8.19) と (8.16) により解 (8.20) を求めることができた．$\ell_s(t)$ を特性曲線あるいは特性基礎曲線という．

特性曲線 $\ell_s(t) = (x_s(t), y_s(t))$ は

$$\begin{cases} \dfrac{dx_s}{dt} = 2, \quad \dfrac{dy_s}{dt} = 1 \\ (x_s(0), y_s(0)) = (s, 0) \end{cases} \tag{8.21}$$

をみたすように定める．すなわち，

$$x_s(t) = 2t + C_1, \quad x_s(0) = C_1 = s$$
$$y_s(t) = t + C_2, \quad y_s(0) = C_2 = 0$$

より，(8.15) が得られる．

> 各 $\ell_s(t)$ は互いに交わらず，直線族 $\{\ell_s(t) | s \in \mathbb{R}\}$ は $\mathbb{R}^2$ を覆う．よって (8.21) の解曲線 $(x_s(t), y_s(t))$ に対して $z(x_s(t), y_s(t))$ をすべての $s \in \mathbb{R}$ に対して求めることによって，(8.4) の解を表す曲面を求めることができる．すなわち，直線 $\ell_s(0) = \{(x_s(0), y_s(0)) | s \in \mathbb{R}\} = \{(s, 0) | s \in \mathbb{R}\}$ 上の曲線 $z(s, 0)$ を初期曲線とよべば，初期曲線上の一点から出発して $\ell_s(t)$ 方向に解曲面を構成していくのである．

例 8.6 $p \neq -\dfrac{1}{2}$ に対して

$$\begin{cases} 2z_x + z_y = z \\ z(x, px) = \sin x \end{cases} \tag{8.22}$$

を考える．初期条件は直線 $y = px$ 上で与えられている．特性曲線 $\ell_s(t) =$

$(x_s(t), y_s(t))$ は

$$\begin{cases} \dfrac{dx_s}{dt} = 2, \quad \dfrac{dy_s}{dt} = 1 \\ (x_s(0), y_s(0)) = (s, ps) \end{cases}$$

で与えられることより,

$$\begin{cases} x_s(t) = 2t + s \\ y_s(t) = t + ps \end{cases} \tag{8.23}$$

となる. (8.22) は $\ell_s(t)$ 上で (8.18) となり, (8.23) より

$$s = \frac{x - 2y}{1 - 2p}, \quad t = \frac{-px + y}{1 - 2p}$$

となり, これを (8.19) に代入して解は

$$z(x, y) = \sin \frac{x - 2y}{1 - 2p} \cdot e^{\frac{-px+y}{1-2p}}$$

となる. $p = \dfrac{1}{2}$ のときは, 初期条件を与える直線と特性曲線が平行となり, 解は存在しなくなる. ◇

変数係数の場合

$$\begin{cases} a(x, y) z_x(x, y) + b(x, y) z_y(x, y) = c(x, y) z(x, y) \\ z(x, 0) = f(x) \end{cases} \tag{8.24}$$

を考える. ここでは方向微分が点 (x, y) で一定ではない.

特性曲線がどうなるか, 次の例で見てみよう.

例 8.7
$$\begin{cases} z_x + y z_y = z \\ z(0, y) = \sin y \end{cases} \tag{8.25}$$

特性曲線 $\ell_s(t) = (x_s(t), y_s(t))$ は

$$\begin{cases} \dfrac{dx_s}{dt} = 1, \quad \dfrac{dy_s}{dt} = y_s \\ (x_s(0), y_s(0)) = (0, s) \end{cases} \tag{8.26}$$

をみたすように定められる. これまでと同様 $\ell_s(t)$ 上で (8.25) は (8.18) となり, その解は (8.19) である. (8.26) より

$$x_s(t) = t + C_1, \quad x_s(0) = C_1 = 0$$
$$y_s(t) = C_2 e^t, \quad y_s(0) = C_2 = s$$

となるので $\ell_s(t)$ は

$$(x_s(t), y_s(t)) = (t, se^t) \tag{8.27}$$

となる．よって

$$(s, t) = (ye^{-x}, x) \tag{8.28}$$

となるので，(8.25) の解は (8.19) に (8.28) を代入して

$$z(x, y) = \sin y e^{-x} \cdot e^x \qquad \diamondsuit$$

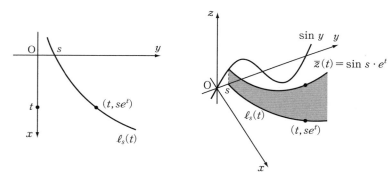

図 8.5

特性曲線のみたす方程式

(8.24) に対して特性曲線 $\ell_s(t) = (x_s(t), y_s(t))$ は

$$\begin{cases} \dfrac{dx_s}{dt} = a(x_s, y_s), \quad \dfrac{dy_s}{dt} = b(x_s, y_s) \\ (x_s(0), y_s(0)) = (s, 0) \end{cases} \tag{8.29}$$

をみたすように定める．(8.29) を解いて，$(x_s(t), y_s(t))$ を求め，さらに (s, t) を (x, y) で表す．特性曲線 $\ell_s(t)$ 上で $\bar{z}(s, t) = z(x_s(t), y_s(t))$, $\bar{c}(s, t) = c(x_s(t), y_s(t))$ とすると，(8.24) は

$$\begin{cases} \bar{z}_t(s, t) = \bar{c}(s, t)\bar{z}(s, t) \\ \bar{z}(s, 0) = f(s) \end{cases} \tag{8.30}$$

となり，その解は

$$\bar{z}(s, t) = f(s) e^{\int_0^t \bar{c}(s, u) du} \tag{8.31}$$

で表され，$z(x, y)$ も与えられる．しかし，(8.29) は (7.4) の初期値問題であり，一般的に解を求めるのは簡単ではない．

例 8.8
$$\begin{cases} yz_x - xz_y = -xz \\ z(x, 0) = \cos x \quad (x \geq 0) \end{cases} \tag{8.32}$$

の解を求める．

ステップ1 特性曲線を求める．

$\ell_s(t) = (x_s(t), y_s(t))$ は

$$\begin{cases} \dfrac{dx_s}{dt} = y_s, \quad \dfrac{dy_s}{dt} = -x_s \\ (x_s(0), y_s(0)) = (s, 0) \end{cases} \tag{8.33}$$

で定められる．(8.33) より

$$y_s'' = -x_s' = -y_s$$
$$y_s(t) = C_1 \sin t + C_2 \cos t$$
$$y_s(0) = C_2 = 0$$
$$x_s(t) = -C_1 \cos t$$
$$x_s(0) = -C_1 = s$$

よって
$$(x_s(t), y_s(t)) = (s \cos t, -s \sin t) = (s \cos(-t), s \sin(-t)) \tag{8.34}$$

よって
$$s = \sqrt{x^2 + y^2}, \quad t = -\arctan \frac{y}{x} \tag{8.35}$$

ステップ2 解を求める．

(8.32) より $\ell_s(t)$ 上で $\bar{z}(s, t) = z(x_s(t), y_s(t))$ は

$$\begin{cases} \bar{z}_t(s, t) = -x_s(t) \bar{z}(s, t) \\ \bar{z}(0) = \cos s \end{cases} \tag{8.36}$$

をみたす．(8.36) を解いて
$$\bar{z}(s, t) = \cos s \cdot e^{\int_0^t (-x_s(r)) dr}$$

となるが (8.33) より

$$\bar{z}(s, t) = \cos s \cdot e^{y_s(t)} \tag{8.37}$$

よって (8.35) を (8.37) に代入して
$$z(x, y) = \cos\sqrt{x^2 + y^2} \cdot e^y \tag{8.38}$$

なお，(8.32) で初期条件を $x \geq 0$ で与えた．特性曲線は (8.34) より，同心円となるが，$t \in (-\pi, \pi)$ について，$^\forall s \geq 0$ で，問題なく特性曲線上，解を構成することができる．しかし，$t = -\pi$ と $t = \pi$ のときで，特性曲線は一致してしまう．ここでは $\cos x$ は偶関数であり，(8.38) は x 軸上，$x < 0$ でも初期条件をみたしている．(特性曲線の交差については後述する．) ◇

線形力学系で与えられる特性曲線

$a, b, c, d \in \mathbb{R}$ に対して微分方程式
$$(ax + by)z_x + (cx + dy)z_y = z \tag{8.39}$$
を考える．曲線 $y = p(x)$ 上で初期条件
$$z(x, p(x)) = f(x) \tag{8.40}$$
を課す．

これまでと同様に
$$\begin{cases} \dfrac{dx_s}{dt} = ax_s + by_s \\ \dfrac{dy_s}{dt} = cx_s + dy_s \\ (x_s(0), y_s(0)) = (s, p(s)) \end{cases} \tag{8.41}$$
によって定められる特性曲線 $\ell_s(t)$ が求められれば，
$$\bar{z}(t) = f(s) \cdot e^t \tag{8.42}$$
によって解は表示される．(8.41) は (7.2) の初期値問題になっている．よって特性曲線は (7.17) の解軌道で与えられる．ただし，曲線 $y = p(x)$ 上で特性曲線は $y = p(x)$ と平行になってはいけない．

例 8.9
$$\begin{cases} (-4x + y)z_x + (-5x + 2y)z_y = z \\ z(x, 0) = f(x) \end{cases} \tag{8.43}$$
特性曲線は (7.5) 〜 (7.6) の初期条件 (7.25) を $(x_0, y_0) = (s, 0)$ で与えたと

きの解であるから，(7.26) より，

$$\begin{pmatrix} x_s(t) \\ y_s(t) \end{pmatrix} = \begin{pmatrix} 1 & 1 \\ 5 & 1 \end{pmatrix} \begin{pmatrix} \dfrac{-s}{4} e^t \\ \dfrac{5s}{4} e^{-3t} \end{pmatrix}$$

となり，$se^t = x - y$ より，

$$e^t = \left(\frac{5(x-y)}{5x-y}\right)^{\frac{1}{4}}, \quad s = (x-y)\left(\frac{5(x-y)}{5x-y}\right)^{-\frac{1}{4}}$$

図 7.4 において，原点以外の x 軸上の点を通過する解曲線が特性曲線となる．原点は鞍点になっているが，原点を初期点とする (8.41) の解は原点から動かない．なお，(8.43) で $(x, y) = (0, 0)$ を代入すると，$z(0, 0) = 0$ となることより，$f(0) = 0$ を仮定しなければならない．また図 7.4 で，第 1, 3 象限の直線 $y = x$ と $y = 5x$ に挟まれる領域で解は構成されない．◇

特性曲線の交差

特性曲線が交点をもつ場合，ある $(x_0, y_0) \in \mathbb{R}^2$ において
$$(x_0, y_0) = (x_{s_1}(t_1), y_{s_1}(t_1)) = (x_{s_2}(t_2), y_{s_2}(t_2)) \tag{8.44}$$
が $s_1 \neq s_2$ に対して発生しうる．このような (x_0, y_0) において解を定義することができない．よってこのようなことが発生しないように，任意の s に対して t の範囲が制限されることがある．

例 8.10
$$\begin{cases} (2x+y)z_x + (x+2y)z_y = z \\ z(x, -x+1) = f(x) \end{cases}$$
$$\tag{8.45}$$
特性曲線は (7.27) において，$(x_0, y_0) = (s, -s+1)$ として与えられ，

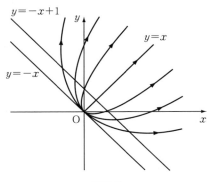

図 8.6

$$e^t = (x+y)^{\frac{1}{3}}, \quad s = \frac{1}{2}\left(\frac{x-y}{(x+y)^{\frac{1}{3}}} + 1\right)$$

原点が結節点になっていて，$t \to \infty$ または $t \to -\infty$ として，図 7.5 において，$x+y>0$ の領域で解を構成することができる．しかし $t \to -\infty$ のとき，あらゆる特性曲線が原点に到達するので，原点で解を定めることができない． ◇

係数が未知関数に依存する方程式

ここでは
$$a(x,y,z)z_x + b(x,y,z)z_y = c(x,y,z) \tag{8.46}$$
を考える．

一般に曲面 $z = z(x,y)$ 上の点 $\boldsymbol{p}(x,y) = (x, y, z(x,y))$ に対して，$\boldsymbol{p}_x, \boldsymbol{p}_y$ はそれぞれ x, y 方向の接線ベクトルであり，
$$\boldsymbol{p}_y \times \boldsymbol{p}_x = (0,1,z_y) \times (1,0,z_x) = (z_x, z_y, -1) \tag{8.47}$$
は曲面の法線ベクトルとなる．このことはまた，$z = z(x,y)$ の全微分 $dz = z_x dx + z_y dy$ が
$$(z_x, z_y, -1) \cdot (dx, dy, dz) = 0$$
と書きかえられ，(dx, dy, dz) が接平面上のベクトルであることによっても示される[*3]．(8.46) は
$$(a(x,y,z), b(x,y,z), c(x,y,z)) \cdot (z_x, z_y, -1) = 0$$
と書けることより，(8.46) の解曲面の接平面上のベクトル (dx, dy, dz) とベクトル $(a(x,y,z), b(x,y,z), c(x,y,z))$ は平行となることより，(dx, dy, dz) は
$$\frac{dx}{a(x,y,z)} = \frac{dy}{b(x,y,z)} = \frac{dz}{c(x,y,z)} \tag{8.48}$$
をみたす．(8.48) は曲線の接線ベクトルを表す．この曲線のパラメータ表示 $(x(t), y(t), z(t))$ を用いると，$(\dot{x}(t), \dot{y}(t), \dot{z}(t)) = {}^\exists k(a, b, c)$ と書ける．

[*3] 平面 $p(x-x_0) + q(y-y_0) + r(z-z_0) = 0$ に対して $pdx + qdy + rdz = (p,q,r) \cdot (dx, dy, dz) = 0$ が成り立つ．また図 6.6 で，ベクトル $(\Delta x, \Delta y, \Delta z)$ は点 $f(x_0, y_0)$ から点 $h(x_0 + \Delta x, y_0 + \Delta y)$ へのベクトルである．

$k = 1$ とすると，

$$\frac{dx}{dt} = a(x, y, z)$$
$$\frac{dy}{dt} = b(x, y, z) \qquad (8.49)$$
$$\frac{dz}{dt} = c(x, y, z)$$

と書くことができる．あるいは $z(x(t), y(t))$ に対して，$\frac{d}{dt}z = z_x x_t + z_y y_t$ を考えると，(8.49) によって，これまでと同様に (8.46) を常微分方程式に帰着できる．(8.49) をみたす $(x(t), y(t), z(t))$ を (8.46) の特性曲線といい，その xy 平面への射影を特性基礎曲線という[*4]．

例 8.11

$$\frac{dx}{dt} = a_1 x + a_2 y + a_3 z$$
$$\frac{dy}{dt} = b_1 x + b_2 y + b_3 z$$
$$\frac{dz}{dt} = c_1 x + c_2 y + c_3 z$$

は 3 番目の式を微分することによって，z'' を x', y', z' の線形結合，さらに x, y, z の線形結合で表すことができる．さらに微分して，z''' も x, y, z の線形結合で表すことができる．よって，z', z'', z''' が x, y, z の線形結合で表されるので，x, y を消去することによって，z の 3 階微分方程式に帰着できる． ◇

8.5 移流方程式

以下では，数直線上の点 x と時刻 t による xt 座標系で方程式を考え，特性曲線を $(x_v(u), t_v(u))$ で表す．

[*4] $a(x, y, z) = a(x, y), b(x, y, z) = b(x, y)$ であるとき，特性基礎曲線を単に特性曲線ということが多い．

例 8.12 連続関数 $f(x)$, 定数 $c > 0$ に対して, $z(x, t)$ が

$$\begin{cases} z_t + cz_x = 0 \\ z(x, 0) = f(x) \end{cases} \tag{8.50}$$

をみたすとする.特性曲線 $(x_v(u), t_v(u))$ は,

$$\begin{cases} \dfrac{dt_v}{du} = 1, \quad \dfrac{dx_v}{du} = c, \\ (x_v(0), t_v(0)) = (v, 0) \end{cases} \tag{8.51}$$

で定められ,

$$\begin{cases} t = u \\ x_v(u) = cu + x_v(0) = cu + v \end{cases}$$

となる.(8.50) の解は特性曲線上で一定であるから,$\bar{z}(u, v) = z(x_v(u), t_v(u))$ は

$$\begin{aligned} \bar{z}(u, v) &= \bar{z}(0, v) \\ &= z(x_v(0), t_v(0)) \\ &= z(v, 0) = f(v) \end{aligned}$$

よって

$$z(x, t) = f(x - ct) \tag{8.52}$$

で与えられる.これは長いロープを振動させて,波形をつくったときに,$t = 0$ のときの波形 $f(x)$ が x 軸の正の方向に速さ c で輸送される様子を表している.(8.50) を移流方程式という. ◇

例 8.13 まっすぐな管の中に水のような流れがあるとしよう.管を x 軸に見立て,流れは x 軸の正の向きだとしよう.点 x,時刻 t における流れの速さを $z(x, t)$ で表し,$t = 0$ における速さが $z(x, 0) = f(x)$ で与えられているものとする.ここでは水の粘性,圧力などは考慮せず,単に流速 $z(x, t)$ は自分自身によって輸送されるとすると,$z(x, t)$ は

$$\begin{cases} z_t + zz_x = 0 \\ z(x, 0) = f(x) \end{cases} \tag{8.53}$$

をみたすものと記述される.特性曲線 $(x_v(u), t_v(u))$ は

$$\begin{cases} \dfrac{dt_v}{du} = 1, \quad \dfrac{dx_v}{du} = z \\ (x_v(0), t_v(0)) = (v, 0) \end{cases} \tag{8.54}$$

によって定められるが，これは未知関数 z に依存するため，特性曲線を直接求めることができない．しかし，特性曲線上では，(8.53) より $\dfrac{dz}{du} = 0$ であるので

$$z(x_v(u), t_v(u)) = z(x_v(0), t_v(0))$$
$$= z(v, 0) = f(v)$$

よって (8.54) より

$$x_v(u) = \int_0^u z(x_v(u'), t_v(u')) du' + x_v(0)$$
$$= \int_0^u f(v) du' + v$$
$$= f(v) u + v$$

(8.54) より $t = u$ であるので，

$$\begin{cases} x = f(v) u + v \\ t = u \end{cases} \tag{8.55}$$

より v について形式的に解いて $v(x, t)$ とすれば，解は形式的に

$$z(x, t) = f(v(x, t)) \tag{8.56}$$

と表示される．ただし，一般的に (8.55) を v について解くことはできない． ◇

例 8.14
$$\begin{cases} z_t + z z_x = 0 \\ z(x, 0) = ax + b \end{cases} \tag{8.57}$$

は，(8.55) より特性曲線が

$$\begin{cases} x = (av + b) u + v = (au + 1) v + bu \\ t = u \end{cases} \tag{8.58}$$

となることより，$v = \dfrac{x - bt}{at + 1}$ となり，(8.56) より

$$z(x, t) = a \dfrac{x - bt}{at + 1} + b = \dfrac{ax + b}{at + 1} \tag{8.59}$$

となる．(8.59) は (8.57) をみたしている．ただし，(8.58) において，$u = -\dfrac{1}{a}$ のとき，任意の v に対して，$x = -\dfrac{b}{a}$ となる．すなわち $(x, t) = \left(-\dfrac{b}{a}, -\dfrac{1}{a}\right)$ ですべての特性曲線は交わる．よって $a < 0$ のとき，(8.59) は $t \in \left[0, -\dfrac{1}{a}\right)$ で解となるが，$t \to -\dfrac{1}{a} + 0$ のとき，$z_x(x, t) \to \infty$ となり，

$$\lim_{t \to -\frac{1}{a}} z(x, t) = \begin{cases} -\infty, & x < -\dfrac{b}{a} \\ 0, & x = -\dfrac{b}{a} \\ \infty, & x > -\dfrac{b}{a} \end{cases}$$

◇

ラグランジュ微分

たとえばタバコの煙の運動を考えてみる．ここでは煙の粒子の運動を微視的に考えず，煙を巨視的に連続体として考える．

点 $\boldsymbol{x} = (x_1, x_2, x_3)$，時刻 t での煙の密度を $p(\boldsymbol{x}, t)$ で表す．$\dfrac{\partial}{\partial t} p(\boldsymbol{x}, t)$ は空中の一点 $\boldsymbol{x}$ を固定したときの煙の密度の時間変化率を表す．一方，煙の粒子を追跡して密度の変化を観察することもできる．煙の運動が曲線のパラメータ表示 $\boldsymbol{x}(t) = (x_1(t), x_2(t), x_3(t))$ で表されるとき，$p(\boldsymbol{x}(t), t)$ は流線 $\boldsymbol{x}(t)$ に沿った密度の時間変化を表す．このとき，曲線に沿った微分 (6.15) によって，

$$\frac{d}{dt} p(\boldsymbol{x}(t), t) = \text{grad } p(\boldsymbol{x}(t), t) \cdot \frac{\partial \boldsymbol{x}}{\partial t} + \frac{\partial}{\partial t} p(\boldsymbol{x}, t)$$

となる．これをラグランジュ微分という．ここで $\dfrac{\partial \boldsymbol{x}}{\partial t}$ は流線の接線ベクトル，すなわち速度を表す．つまりラグランジュ微分は移流を表す．

(8.53) の第1式はラグランジュ微分で表すことができ，$\dfrac{dx}{dt} = z(x(t), t)$ であることより，

$$\frac{d}{dt}z(x(t), t) = z(x(t), t)z_x(x(t), t) + z_t(x(t), t) = 0$$

となる．このことより，同一流線上で速度は一定ということになるが，このことは特性曲線の交差の問題を引き起こすことがある．この問題を後述の交通流で考察する．

なお，煙の運動では拡散現象も考慮しなければならないが，このことも後述する．

8.6 交通流と衝撃波

保存則

高速道路での車の流れを，流体のように考える．ここでは，個々の車の動きに着目するより，連続体の運動と考える．道路には幅があるので，本来は2次元だが，巨視的に考えるので，1次元で考える．進行方向を x 軸の正の向きとする．今，

$p(x, t)$：(x, t) での車の密度（単位距離当りの車の台数）[*5]

$v(x, t)$：(x, t) での車の速さ（単位時間当りの車の移動距離）

$q(x, t) := p(x, t) \cdot v(x, t)$：単位時間当りの点 x での車の通過量，すなわち交通量

とする．$x = a$ から $[a, b]$ に単位時間当りに入ってきた車の台数は $q(a, t)$ で，$x = b$ から $[a, b]$ の外へ単位時間当りに出ていった台数は $q(b, t)$ なので，$q(a, t) - q(b, t)$ は $[a, b]$ での単位時間当りの台数の変化を表す．（増加のとき正．）一方，時刻 t で，$[a, b]$ を走っている車の台数は $\int_a^b p(x, t)dx$ で与えられる．よって

$$q(a, t) - q(b, t) = \frac{d}{dt}\int_a^b p(x, t)dx$$

が成り立つ[*6(次ページ)]．微積分の基本定理

[*5] 点 x で，密度を与えるのはおかしいように見えるが，巨視的に見るので，点 x で微小区間 $\varDelta x$ における数量を見ることになる．

$$q(a,t) - q(b,t) = -\int_a^b \frac{\partial}{\partial x} q(x,t) dx$$

より,

$$\int_a^b \frac{\partial}{\partial t} p(x,t) dx = \int_a^b -\frac{\partial}{\partial x} q(x,t) dx$$

((モデル方程式を立てるときは,数学的厳密さは必要とならないが,) 左辺については,9.4 節で述べる.) ここで上式は任意の $[a, b]$ で成り立たなければならないので,すべての x に対して,

$$\frac{\partial p}{\partial t} = -\frac{\partial q}{\partial x} \tag{8.60}$$

を課すこととなる.すなわち,

質量保存則
　車の密度の減少率 (時間変化率の -1 倍) は単位時間当りの交通量の勾配に等しい.

保存則は連続体力学,流体力学のさまざまな分野で扱われる.質量保存則は流体における連続の方程式である.(第 11 章参照.)

(8.60) は 1 つの事柄を 2 つの側面から記述し,それらは等しいということから導かれている.質量保存則は理由もなく突然,物質が増えたり,減ったりすることはないということを表現するものである.

━━━━━━━━━━━━━━━━━━━━━━━━━━━ モデリング

車の密度 $p(x, t)$ は渋滞を表すので車は p が大きくなると,速く走れなくなる.つまり p が大きくなると v は小さくなっていく.

仮定　$v = v(p)$ 　(v は p だけで決まると仮定する.)

このとき,q も $q(p)$ となり,$q_x = \dfrac{\partial q}{\partial x} = \dfrac{dq}{dp}\dfrac{\partial p}{\partial x}$ となることより,

---
[*6] 時間変化率は単位時間当りの変化.

と定式化される．ここで $\phi(x)$ は初期密度を表す．

例 8.15
$$v(0) = v_m \quad \text{（制限最高速度）}$$
$$v(p_m) = 0 \quad \text{（完全渋滞）} \tag{8.62}$$

とし[*7]，$v(p)$ を 1 次関数とする．すなわち (8.62) より，

$$v(p) = v_m\left(1 - \frac{p}{p_m}\right), \quad 0 \leq p \leq p_m \tag{8.63}$$

を仮定する．$q = pv$ に代入すると，$q = pv_m\left(1 - \frac{p}{p_m}\right)$．よって $\frac{dq}{dp} = v_m\left(1 - \frac{2}{p_m}p\right)$ より，(8.61) は

$$\begin{cases} p_t + v_m\left(1 - \dfrac{2}{p_m}p\right)p_x = 0 \\ p(x,0) = \phi(x) \end{cases} \tag{8.64}$$

となる．$\tilde{p} = v_m\left(1 - \dfrac{2}{p_m}p\right)$ に対して，$\tilde{p}_t + \tilde{p}\tilde{p}_x = 0$ が成り立つので，(8.56) によって p は形式的に表示される．

ここでは v が p だけで決まり，さらに v は p の 1 次関数であると仮定（モデル化）して，(8.64) のように定式化できた．現実には v は p だけでは決まらないが，(8.60) のままでは手のつけようがない．どのようにモデル化するかが問題となる．◇

(8.61) の特性曲線

この問題では特性曲線自体が求めるべき関数 p の影響を受けるのでやっかいである．特性曲線 $(x_s(u), t_s(u))$ は

[*7] $v(0)$ で $p = 0$ なら，車はないことになるが，そう考えず，密度が 0 に近づくと，最高速度を出すと考える．

$$\begin{cases} \dfrac{dt_s}{du} = 1, \quad \dfrac{dx_s}{du} = \dfrac{dq}{dp} \\ (x_s(0), t_s(0)) = (s, 0) \end{cases} \tag{8.65}$$

によって定められる．$u = t$ である．(8.61) の第 1 式の右辺が 0 なので，特性曲線 $(x_s(u), t_s(u))$ 上では

$$\frac{d}{du} p(x_s(u), t_s(u)) = 0$$

すなわち

$$p(x_s(u), t_s(u)) = p(x_s(0), t_s(0)) = p(s, 0) = \phi(s)$$

つまり，特性曲線上では，密度が一定で変化しない[*8]．密度 p が一定ということは速度 $v(p)$ も一定ということになる．(2.2), (8.65) により，特性曲線 $(x_s(u), t_s(u))$ に対して，

$$\frac{dx}{dt} = \frac{\dfrac{dx_s}{du}}{\dfrac{dt_s}{du}} = \frac{dq}{dp}$$

速度 $v(p)$ は $\dfrac{dx}{dt}$ でもあるので，特性曲線 $(x_s(t), t)$ 上で

$$\frac{dx}{dt} = v(p(x_s(t), t)) = v(p(x_s(0), 0)) = v(\phi(s))$$

より，特性曲線は 1 次関数となり，

$$x_s(t) = s + C(s)t, \quad C(s) = v(\phi(s)) = \frac{dq}{dp}(\phi(s))$$

ここで，$q(p)$ は既知としているので，初期密度が与えられれば，$\dfrac{dq}{dp}(\phi(s))$ はわかる．(8.63) を仮定するとき，すなわち $\dfrac{dq}{dp} = v_m\left(1 - \dfrac{2}{p_m}p\right)$ のときは，p が大きくなるとともに，$\dfrac{dq}{dp}$ は小さくなるので，初期密度が大きい点ほど，車は

[*8] xt 平面上の曲線で，その上で密度が変わらないということは，それは 1 台の車の動きを追跡する曲線ということになる．

遅いということになる．

図 8.7 では，x_0 より x_1 のほうが $t=0$ で空いている．しかし x_1 より x_0 のほうが $t=0$ で空いていればどうなるだろうか．x_0 の車は速く，x_1 の車は遅い．x_0 の車と，x_1 の車はある時刻で衝突する．つまり，特性曲線が交わる．これが衝撃波の発生ということになる．

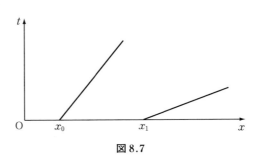

図 8.7

例 8.16
$$\begin{cases} p_t + v_m\left(1 - \dfrac{2}{p_m}p\right) p_x = 0 \\ p(x, 0) = cx \qquad (c > 0) \end{cases} \tag{8.66}$$

は $\tilde{p} = v_m\left(1 - \dfrac{2}{p_m}p\right)$ に対して，

$$\begin{cases} \tilde{p}_t + \tilde{p}\tilde{p}_x = 0 \\ \tilde{p}(x, 0) = v_m\left(1 - \dfrac{2}{p_m}cx\right) \end{cases} \tag{8.67}$$

となるので，(8.59) より，

$$\tilde{p}(x, t) = \frac{-2v_m cx + p_m v_m}{-2v_m ct + p_m}, \quad t \in \left[0, \frac{p_m}{2v_m c}\right)$$

すなわち

$$p(x, t) = cp_m \frac{x - v_m t}{-2v_m ct + p_m}, \quad t \in \left[0, \frac{p_m}{2v_m c}\right) \qquad \diamondsuit$$

=================== **音速と衝撃波**

衝撃波は本来，気流における用語である．ここでは気流における衝撃波について簡単に述べる．

図 8.8 では天井から鉄球が一列に吊り下げられている．左端の鉄球を揺らし，隣の鉄球に衝突させると，右側の鉄球に次々と衝突していく．この衝突の

伝播の速度が擾乱による波動の速度を表す．

気体において同様のことを考える．気体の構成分子は天井などに吊り下げられておらず，自由に運動できる．気体

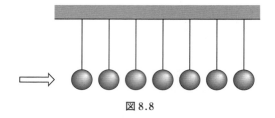

図 8.8

が巨視的に静止しているとき，気体中の一点で音が発生したとき，音波の伝播速度が音速である．すなわち，空気のような圧縮性流体の中で微小な圧力変化が生じると，その擾乱は音速で伝播する．(気体分子が衝突で妨害されずに進むことのできる距離の平均値を平均自由行程という．)

しかし爆発のときのような瞬間的に極めて強い圧力上昇が起こると，不連続的な圧力増加を伴う波が音速以上の速さで伝播する．これは爆発による媒質の運動速度が音速を超え，爆発の中心により近い媒質が超音速で，より遠い媒質を追い越そうとするもので，このとき媒質を構成する分子の激しい衝突によって，強い摩擦が生じる．このとき，爆発による擾乱の伝播が球対称であり，爆発の中心からの距離 r，爆発時刻からの時間 t における圧力を $p(r,t)$ とすると，衝撃波面において $p(r,t)$ は多価的になりそうになるが，これは特性曲線の交差によってもたらされる．この現象を衝撃波の発生という．衝撃波面が通過する際には，圧力だけでなく，密度，温度も不連続的に上昇する．衝撃波面の厚さは一般的に平均自由行程の数倍程度で非常に小さい．

交通流における擾乱の伝播速度

気流における音速は交通流において，どのように記述されるだろうか．密度 $p(x,t)$ の変化が微小であるとき，$q(p)$ は p について線形，すなわち $\frac{dq}{dp} = C$ と仮定でき，方程式は $p_t + Cp_x = 0$ となり，その解は (8.52) より，任意関数 $f(x)$ に対して，$p(x,t) = f(x - Ct)$ となる．$t = 0$ を代入すると $p(x,0) = f(x)$ となることより，$f(x)$ は $t = 0$ の密度分布を与える．

$f(x)$ はある x_0 の近傍以外で一定値で，x_0 の近傍では一定値から微小変化したものとする．すなわち，一様流 p_0 からゆらぎが $t = 0$ で発生した関数を

$f(x)$ とする.（一般に $p(x,t) = p(x)$ となるとき，定常流といい，$p(x,t) = p(t)$ となるとき，一様流という.）

道路が混んでいるとき，つまり一様流 p_0 が大きいときは $C < 0$ で，$f(x)$ が負の方向に平行移動していく．このとき，ゆらぎは後方に伝わる.（前の車がスピードを落とせば，自分もスピードを落とし，そのことにより後ろの車もスピードを落とす.）　空いているとき，つまり一様流 p_0 が小さいときは $C > 0$ で，$f(x)$ が正の方向に平行移動していく．つまり，ゆらぎは前方に伝わる.（後ろの車がせまってくれば，自分もスピードを上げて，そのことにより前の車もスピードを上げる.）　このことより C が擾乱の伝播速度を表す.

IV
近似解法と解の存在

第 9 章　関数列と関数項級数
第 10 章　不動点定理と解の存在

第9章

関数列と関数項級数

$x = 0$ でのテーラー展開では，$f(x)$ を
$$f_0 = 1, \quad f_1(x) = x, \quad \cdots, \quad f_n(x) = x^n, \quad \cdots$$
の線形結合

$$f(x) = \sum_{n=0}^{\infty} a_n f_n(x) \tag{9.1}$$

で表すとき，係数 a_n は $a_n = \dfrac{f^{(n)}(0)}{n!}$ で与えられる．a_n を定めるには $f(x)$ は無限回微分可能でなくてはならないが，無限回微分可能であっても (9.1) と書けるとは限らない[*1]．また

$$\frac{1}{1-x} = \sum_{n=0}^{\infty} a_n x^n, \quad a_n = 1$$

は $|x| < 1$ で正しいが，$x = 2$ では明らかに成り立たない．

このように与えられた関数 $f(x)$ をある関数列 $f_n(x)$ の線形結合 (9.1) で表すことを考える．$f_n(x) = x^n$ による展開がテーラー展開であり，$f_n(x) = \sin nx, \cos nx$ による展開をフーリエ級数展開という．(9.1) の収束性，連続性，微分可能性，積分可能性を考察する．

微分方程式への応用

(9.1) で表される微分方程式の解を求めたい．(9.1) を微分方程式に代入することによって，(9.1) の a_n を定める．

[*1] [30] を参照のこと．

9.1 関数列と極限関数

数列 $\{a_n\}$ は $n \in \mathbb{N}$ が決まれば, 実数 a_n が決まる. 関数の列 $\{f_n(x)\}$ は $n \in \mathbb{N}$ が決まれば関数 $f_n(x)$ が決まる. $f_n(x)$ はすべての n について同じ定義域をもつものとする. 定義域はここでは区間や $\mathbb{R}$ 全体を主に考える.

例 9.1 (1) $f_n(x) = \dfrac{1}{n} \sin x,\ x \in \mathbb{R}$

最大値 $\dfrac{1}{n}$, 最小値 $-\dfrac{1}{n}$ のサインカーブなので, $n \to \infty$ で, $\mathbb{R}$ 全体で 0 に近づいていくであろう.

(2) $f_n(x) = x^n,\ x \in \mathbb{R}$

$y = x, y = x^2, \cdots$ のグラフから $y = x^n$ のグラフが $n \to \infty$ でどうなっていくか想像できる. また公比 x の等比数列でもあるので, $|x| < 1$ で 0 に収束し, $x = 1$ で 1 に収束する. ◇

では次の関数列ではどうだろうか. $x \in \mathbb{R}$ について,
$$f_n(x) = \begin{cases} 0, & x < n \\ 1, & n \leq x < n+1 \\ 0, & x \geq n+1 \end{cases}$$
とする. $\displaystyle\lim_{n \to \infty} f_n(x)$ はどんな関数になるだろうか. 関数列がある関数に収束するということを定義しなければならない.

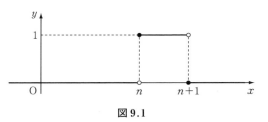

図 9.1

各点収束

数列の極限がすでに定義されており, ε-δ 論法で, 記述されているので, これを利用することを考える. 関数列 $\{f_n(x)\}$ で, $x = x_0$ を 1 つ定めると, $\{f_n(x_0)\}$ は数列になる. $f_n(x) = x^n$ で, $x_0 = -1, 0, \dfrac{1}{2}, 1, 2$ について, 数列

$\{f_n(x_0)\}$ は全く異なる数列になることがわかる．$f_n(x)$ の定義域のすべての点 x で，数列 $\{f_n(x)\}$ の $n \to \infty$ での極限を考える．

定義 9.1 $f_n(x)$ が収束するような x の集合を収束域という．収束域の各点 x で，$\lim_{n \to \infty} f_n(x) = \alpha$ は異なるので，

$$f_n(x) \to \alpha(x) \tag{9.2}$$

のように極限も x の関数となり，「$f_n(x)$ は $\alpha(x)$ に各点収束する」といい，$\alpha(x)$ を $f_n(x)$ の極限関数という．

本書では，極限関数をしばしば $f_\infty(x)$ と表す．

例 9.2 $f_n(x) = x^n$ の収束域は $(-1, 1]$ であり，極限関数は

$$f_\infty(x) = \begin{cases} 0, & -1 < x < 1 \\ 1, & x = 1 \end{cases}$$

$f_n(x)$ は連続関数だが，$f_\infty(x)$ は $x = 1$ で不連続であることに注意する． ◇

例 9.3 $x \in [0, \infty)$ について，

$$\bar{g}_n(x) = \begin{cases} \dfrac{1}{n^2} x, & 0 \leq x \leq n \\ -\dfrac{1}{n^2} x + \dfrac{2}{n}, & n < x \leq 2n \\ 0, & x > 2n \end{cases} \tag{9.3}$$

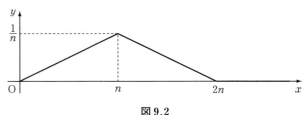

図 9.2

たとえば $x = 10$ では $n \leq 5$ までは $\bar{g}_n(10) = 0$ だが，その後 $\bar{g}_n(10)$ は増加していき，$n \geq 10$ では減少していく．$x = 100$ では $n \leq 50$ までは $\bar{g}_n(100) = 0$ だが，その後 $\bar{g}_n(100)$ は増加していき，$n \geq 100$ では減少していく．極限関数は $\bar{g}_\infty(x) = 0$，$x \in [0, \infty)$ となる． ◇

例 9.4 (1)
$$\bar{f}_n(x) = \begin{cases} \dfrac{1}{n}|x|, & |x| \leq n \\ 1, & |x| > n \end{cases} \quad (9.4)$$

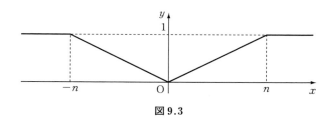

図 9.3

(9.4) の $\bar{f}_n(x)$ について，$n = 1, 2, \cdots, 20$ に対して $\bar{f}_n(10)$ を，$n = 1, 2, \cdots, 200$ について $\bar{f}_n(100)$ を考えてみよう．$n \leq 10$ では $\bar{f}_n(10) = 1$ だが，$\bar{f}_{11}(10) = \dfrac{10}{11}$，$\bar{f}_{12}(10) = \dfrac{10}{12}$，$\cdots$．また $n \leq 100$ で $\bar{f}_n(100) = 1$ だが，$\bar{f}_{101}(100) = \dfrac{100}{101}$，$\bar{f}_{102}(100) = \dfrac{100}{102}$，$\cdots$．このように $^\forall x \in \mathbb{R}$，$\bar{f}_\infty(x) = 0$ となる．

(2) $x \in \mathbb{R}$ について，
$$\tilde{f}_n(x) = \begin{cases} n|x|, & |x| \leq \dfrac{1}{n} \\ 1, & |x| > \dfrac{1}{n} \end{cases} \quad (9.5)$$

とする．この $\tilde{f}_n(x)$ は (9.4) の $\bar{f}_n(x)$ に対して，$\tilde{f}_n(x) = \bar{f}_{\frac{1}{n}}(x)$ となっている．

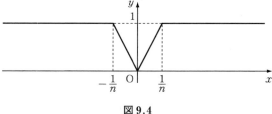

図 9.4

$x = 0.1$ と $x = 0.01$ のとき $n \geq n_0$ で，$\tilde{f}_n(x) = 1$ となるような n_0 は異なり，$x = 0.1$ で $n_0 = 10$，$x = 0.01$ で $n_0 = 100$．極限関数は

$$\tilde{f}_\infty(x) = \begin{cases} 0, & x = 0 \\ 1, & x \neq 0 \end{cases}$$

$\tilde{f}_\infty(x)$ は $x = 0$ で不連続. ◇

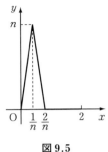

図 9.5

例 9.5 (1) (9.3) の $\bar{g}_n(x)$ について，図 9.2 の $y = \bar{g}_n(x)$ と x 軸に囲まれる図形の面積は $n \to \infty$ のときどうなっていくか．すべての n について三角形の面積は 1 に保たれるので，$\lim_{n\to\infty} \int_0^\infty \bar{g}_n(x)dx = 1$ である．

(2) $0 \leq x \leq 2$ で

$$\tilde{g}_n(x) = \begin{cases} n^2 x, & 0 \leq x \leq \dfrac{1}{n} \\ -n^2 x + 2n, & \dfrac{1}{n} < x < \dfrac{2}{n} \\ 0, & \dfrac{2}{n} \leq x \leq 2 \end{cases} \qquad (9.6)$$

とする．(図 9.5.) この $\tilde{g}_n(x)$ は (9.3) の $\bar{g}_n(x)$ に対して，$\tilde{g}_n(x) = \bar{g}_{\frac{1}{n}}(x)$ である．(1) と同様，$\lim_{n\to\infty} \int_0^2 \tilde{g}_n(x)dx = 1$.

(3) $n = 1, 2, \cdots, 30$ について $\tilde{g}_n(0.1)$ を，また，$n = 1, 2, \cdots, 300$ について $\tilde{g}_n(0.01)$ を考える．三角形の頂点が $x = 0.1, 0.01$ より原点に近くなるような n を求めればよい．$n \geq 20$ で $\tilde{g}_n(0.1) = 0$，$n \geq 200$ で $\tilde{g}_n(0.01) = 0$.

(9.6) の $\tilde{g}_n(x)$ の極限関数は $\tilde{g}_\infty(x) = 0$ となる．なぜなら，$^\forall x \in (0, 2]$ に対して $x \geq \dfrac{2}{n_0}$ となるように n_0 を選ぶと，$\tilde{g}_{n_0}(x) = 0$. つまり任意の $x > 0$ に対して，十分大きく n をとることで，$[0, x]$ に二等辺三角形の底辺をとることができる．また，$x = 0$ のとき，$\tilde{g}_n(0) = 0$. ◇

9.2 一様収束

関数列がある関数に近づく，ということをさらに考えたい．関数の列が n とともに変化していって，ある関数に近づくという漠然としたイメージをもつとき，(9.6) の $\tilde{g}_n(x)$ の極限関数が $\tilde{g}_\infty(x) = 0$ となることに違和感を覚える人が多いであろうと思う．

> つまり，定義 9.1 は「収束域全体で関数列が同時にある関数に近づく」ことを意味しているわけではないということになる．「収束域全体で関数列が同時にある関数に近づく」ということを別に定義すべきであろう．

区間 I で $\{f_n(x)\}$ が与えられていて，また，$f(x)$ も与えられているとき，
$$f_n(x) \to f(x), \quad x \in I$$
を考える．近づき方は $x \in I$ で異なる．

$x = x_1, x_2 \, (x_1 \neq x_2)$ を選んで，数列 $\{f_n(x_1)\}, \{f_n(x_2)\}$ を考えると，$f_n(x_1) \to f(x_1), f_n(x_2) \to f(x_2)$ は，
$$\begin{aligned}&{}^\forall \varepsilon > 0, \, {}^\exists n_1 \in \mathbb{N}; n \geq n_1 \Longrightarrow |f_n(x_1) - f(x_1)| < \varepsilon \\ &{}^\forall \varepsilon > 0, \, {}^\exists n_2 \in \mathbb{N}; n \geq n_2 \Longrightarrow |f_n(x_2) - f(x_2)| < \varepsilon\end{aligned} \quad (9.7)$$
となるが，一般に $n_1 \neq n_2$ である．

> すなわち，各点 x ごとに近づき方が異なるというのは，
> $${}^\forall \varepsilon > 0, \, {}^\exists n_0(x) \in \mathbb{N}; n \geq n_0(x) \Longrightarrow |f_n(x) - f(x)| < \varepsilon \quad (9.8)$$
> と記述される．

例 9.6 $f_n(x) = x^n$ に対して，$f_n\left(\frac{1}{2}\right) \to 0, \, f_n\left(\frac{1}{3}\right) \to 0$ だが，$\varepsilon = 0.01$ に対して，$\left|\left(\frac{1}{2}\right)^n - 0\right| < 0.01, \, \left|\left(\frac{1}{3}\right)^n - 0\right| < 0.01$ となるための n の条件は異なる．

◇

例 9.7 $x \in [0, 2\pi]$ について,$f_n(x) = x^2 + \dfrac{1}{n}\sin x$,$f(x) = x^2$ を考える.

$$|f_n(x) - f(x)| = \frac{1}{n}|\sin x|$$

$\varepsilon = 0.1$ のとき,$n \geq 10$ とすると,すべての x について $|f_n(x) - f(x)| \leq 0.1$ にできる.しかし,$|\sin x| \leq 0.5$ をみたす x では $n \geq 5$ で $|f_n(x) - f(x)| \leq 0.1$ にできる. ◇

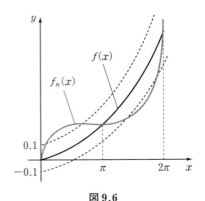

図 9.6
(図は模式的であることに注意する)

極限関数 $f(x)$ からの誤差 ε を考える.区間 I での関数 $f(x)$ から誤差 ε の帯状領域

$$D_\varepsilon(f) = \{(x, y) \in \mathbb{R}^2 \mid x \in I,\ f(x) - \varepsilon < y < f(x) + \varepsilon\} \quad (9.9)$$

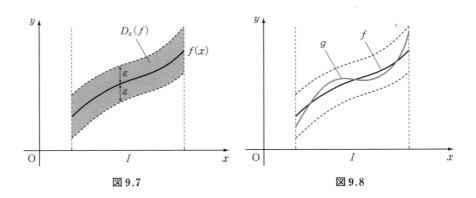

図 9.7 図 9.8

グラフ $y = g(x)$ が $D_\varepsilon(f)$ に入る,すなわち $^\forall x \in I,\ (x, g(x)) \in D_\varepsilon(f)$ というのは,$x \in I$ で,$f(x) - \varepsilon < g(x) < f(x) + \varepsilon$,すなわち

$$^\forall x \in I, \quad |g(x) - f(x)| < \varepsilon$$

定義 9.2 任意の $\varepsilon > 0$ に対して,ある $n_0 \in \mathbb{N}$ があって,$n \geq n_0$ となるすべ

ての $n \in \mathbb{N}$ について，グラフ $y = f_n(x)$ が $D_\varepsilon(f)$ に入るとき，すなわち，
$$^\forall \varepsilon > 0, \ n_0 \in \mathbb{N};$$
$$n \geq n_0 \Longrightarrow {}^\forall x \in I, \ |f_n(x) - f(x)| < \varepsilon \quad (9.10)$$
をみたすとき，$f_n(x)$ は I で $f(x)$ に一様収束するという．

これは (9.7) で $x = x_1, x_2$ で $n_1 \neq n_2$ だったが，(9.10) が成り立つということは，任意の $x \in I$ で共通の n_0 がとれることになる．つまり一様収束するとき，任意の $\varepsilon > 0$ に対して，n を十分大きくすることによって，グラフ $y = f_n(x)$ <u>1本まるごと</u>を $D_\varepsilon(f)$ に入れることができることになる．

例 9.8 (9.3)〜(9.6) について，$0 < \varepsilon < 1$ に対して，$D_\varepsilon(f_\infty)$ を考える．十分大きな n に対して，関数列が1本まるごと ε 帯状領域に入るのは (9.3) だけである．◇

例 9.9 $x \in [0, 1)$ で $f_n(x) = x^n$ を考えると，$f_\infty(x) = 0$ であるが，$0 < \varepsilon < 1$ のとき，$f_n(x)$ 1本まるごとを $D_\varepsilon(f_\infty)$ に入れることはできるであろうか．

$f_n(x) = x^n$ で $x = 0.9, 0.99, 0.999$ で，$n \to \infty$ とすると $x^n \to 0$ となるが，$x = 1$ となったとたん，$1^n \to 1$ となる．$|f_n(x) - f(x)| = |x^n - 0| < \varepsilon$ をみたす x は，x が0に近いほど n は小さくてすむ．

図 9.9 で，x_1 では $x_1{}^3 < \varepsilon$ とできても，x_2 では $x_2{}^4$ はまだ ε より大きい．x を限りなく1に近づけることができると，どうしても ε 帯状領域からはみ出してしまう．そこで，限りなく1に近いような x を考えないようにすればよい．

ここで，収束を考える区間 I を $[0, 1)$ の代わりに $I = [0, 0.9]$ とすると，$|0.9^n - 0| < \varepsilon$ をみたす n に対して $f_n(x)$ はまるごと $D_\varepsilon(f_\infty)$ に入る．しかし，I を $I = [0, 0.99], [0, 0.999], \cdots$ としていくと，$f_n(x)$ をまるごと $D_\varepsilon(f_\infty)$ に入れるために n をどんどん大きくしていかねばならず，$I = [0, 1)$ とすると，1本まるごと $f_n(x)$ が $D_\varepsilon(f_\infty)$ に入るような n は

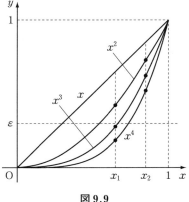

図 9.9

とれなくなる． ◇

次に
$$r_n := \sup_{x \in I} |f_n(x) - f(x)| \tag{9.11}$$
を考える．

例 9.10 (9.3) では $r_n = \dfrac{1}{n}$，(9.4), (9.5) では $r_n = 1$，(9.6) では $r_n = n$． ◇

定理 9.1 $f_n(x)$ が $f(x)$ に区間 I で一様収束するための必要十分条件は
$$r_n \to 0 \quad (n \to \infty) \tag{9.12}$$
である．

証明 ((9.10) $\Longrightarrow$ (9.12))　(9.10) より，
$${}^{\forall}\varepsilon > 0,\ n \geq n_0 \Longrightarrow r_n \leq \varepsilon \tag{9.13}$$
すなわち $r_n \to 0$．

((9.12) $\Longrightarrow$ (9.10))　(9.12) より，
$${}^{\forall}\varepsilon > 0,\ n \geq n_0 \Longrightarrow r_n < \varepsilon$$
となり，(9.10) が得られる．■

これにより，具体的に与えられる $f_n(x)$ に対して，$f_n(x)$ が $f(x)$ に区間 I で一様収束するかどうかの判定は (9.12) を計算によって調べればよいこととなった[*2]．

定理 9.2 $f_n(x)$ がある $f(x)$ に区間 I で一様収束するための必要十分条件は
$$\begin{aligned}&{}^{\forall}\varepsilon > 0,\ {}^{\exists}n_0 \in \mathbb{N};\\ &n, m \geq n_0 \Longrightarrow {}^{\forall}x \in I,\ |f_n(x) - f_m(x)| < \varepsilon\end{aligned} \tag{9.14}$$
である．

証明 ((9.10) $\Longrightarrow$ (9.14))　(9.10) より，
$${}^{\forall}\varepsilon > 0,\ m, n \geq n_0,$$
$$|f_n(x) - f_m(x)| \leq |f_n(x) - f(x)| + |f(x) - f_m(x)| < 2\varepsilon$$
((9.14) $\Longrightarrow$ (9.10))　(9.14) より $x \in I$ を任意に固定すると，実数の完備性

[*2] (9.12) は一様収束の判定上，便利であるため，(9.12) を一様収束の定義とする本が多い．しかし (9.12) では一様収束の意味がわかりにくい．

より，数列 $f_n(x)$ は極限 $f(x)$ をもつ．(9.14) において $m \to \infty$ とすると，$|f_n(x) - f(x)| < \varepsilon$ となるが，n_0 は x によらないので，(9.10) が得られる．■

9.3 極限関数の連続性，積分，微分

==極限関数の連続性==

$\mathbb{R}$ での関数列

$$f_n(x) = \begin{cases} 1, & x \geq \dfrac{1}{n} \\ nx, & -\dfrac{1}{n} \leq x \leq \dfrac{1}{n} \\ -1, & x \leq -\dfrac{1}{n} \end{cases} \tag{9.15}$$

の極限関数は

$$f_\infty(x) = \begin{cases} 1, & x > 0 \\ 0, & x = 0 \\ -1, & x < 0 \end{cases} \tag{9.16}$$

となるが，$f_n(x)$ は連続だが，$f_\infty(x)$ は $x = 0$ で不連続である．

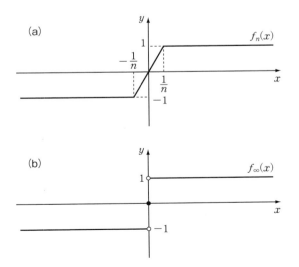

図 9.10

一般に連続関数列がある関数に各点収束するとき，極限関数は連続とは限らず不連続が無数にあることも考えられる．すなわち，$f_n(x)$ がリーマン積分可能であっても，$f_\infty(x)$ はリーマン積分可能とは限らない．

定理 9.3 $f_n(x)$ は区間 I で連続とする．
$$f_n(x) \to f_\infty(x), \quad x \in I \tag{9.17}$$
が一様収束であるとき，$f_\infty(x)$ も I で連続となる．

この定理の対偶は
$$f_\infty \text{ が不連続点をもつ} \implies (9.17) \text{ は一様収束ではない}$$
となる．これはどういう状況になっているか考えてみよう．

$f_\infty(x)$ は $x = x_0$ で不連続とする．すなわち
$$\lim_{x \to x_0 - 0} f_\infty(x) = \alpha, \quad f_\infty(x_0) = \beta, \quad \lim_{x \to x_0 + 0} f_\infty(x) = \gamma$$
で α, β, γ が等しくないとする．ここでは $\alpha < \beta = \gamma$ の場合で考えてみる．
$$D_\varepsilon(f_\infty) = \{(x, y) \in \mathbb{R}^2 | x \in I, f_\infty(x) - \varepsilon \leq y \leq f_\infty(x) + \varepsilon\}$$
$\beta - \alpha = p > 0$ とするとき，$\varepsilon < \frac{1}{2}p$ とすると，帯状領域 $D_\varepsilon(f_\infty)$ は $x = x_0$ で切れる．すなわち，$I = (a, b)$ とし，$a < x_0 < b$ とすると，
$$D_\varepsilon(f_\infty) = A \cup B$$
$$A = \{(x, y) \in \mathbb{R}^2 | x \in (a, x_0), f_\infty(x) - \varepsilon < y < f_\infty(x) + \varepsilon\}$$
$$B = \{(x, y) \in \mathbb{R}^2 | x \in [x_0, b), f_\infty(x) - \varepsilon < y < f_\infty(x) + \varepsilon\}$$

のとき，$f_n(x)$ は連続を保ったまま，帯状領域に入ることはできない．なぜなら $f_n(x)$ は連続を保ったまま，$f_n(x_0) \geq \beta - \varepsilon$ と $\lim_{x \to x_0 - 0} f_n(x) < \alpha + \varepsilon$ をみたすことはできないから．すなわち
$$\exists x \in I : (x, f(x)) \notin A \cup B$$
(9.15) で，n が大きくなると，

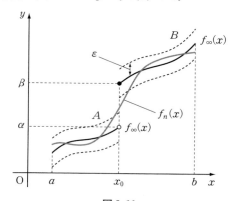

図 9.11

原点で傾きが大きくなって，帯が切れていく様子がうかがえる．

定理 9.3 の証明
$$|f_\infty(x) - f_\infty(x_0)| \le |f_\infty(x) - f_n(x)| + |f_n(x) - f_n(x_0)|$$
$$+ |f_n(x_0) - f_\infty(x_0)|$$

となるが，第 1 項と第 3 項は $f_n(x)$ が $D_\varepsilon(f_\infty)$ に入ることより，ε より小さく，第 2 項は $f_n(x)$ が連続であることより ε より小さくできる．∎

定義 9.3 $\boldsymbol{a} = (a_1, a_2, \cdots, a_n), \boldsymbol{b} = (b_1, b_2, \cdots, b_n) \in \mathbb{R}^n$ とする．区間 $[0, 1]$ で定義された連続関数 $x_1(t), x_2(t), \cdots, x_n(t)$ が
$$\boldsymbol{a} = (x_1(0), x_2(0), \cdots, x_n(0)), \quad \boldsymbol{b} = (x_1(1), x_2(1), \cdots, x_n(1))$$
をみたすとき，$\mathbb{R}^n$ 内の曲線 $\{\boldsymbol{x}(t) = (x_1(t), x_2(t), \cdots, x_n(t)) | 0 \le t \le 1\}$ を $\boldsymbol{a}$ と $\boldsymbol{b}$ を結ぶ連続曲線という．

$^\forall \boldsymbol{a}, {}^\forall \boldsymbol{b} \in A \subset \mathbb{R}^n$ に対して，$\boldsymbol{a}$ と $\boldsymbol{b}$ を結ぶ連続曲線が A 内に存在するとき，A は連結であるという．

$D_\varepsilon(f_\infty)$ が連結でないと，連続関数 $f_n(x)$ は $D_\varepsilon(f_\infty)$ からはみ出してしまう．

────────────── **極限関数の積分**

(9.3) の $\bar{g}_n(x)$ は $n \to \infty$ のとき，図 9.2 の三角形の面積を 1 に保ったまま $r_n \to 0$ となり，$\bar{g}_\infty(x) \equiv 0$ となった．つまり，
$$\int_0^\infty \bar{g}_n(x) dx = 1, \quad \int_0^\infty \bar{g}_\infty(x) dx = 0$$
であり，
$$\lim_{n \to \infty} \int_0^\infty \bar{g}_n(x) dx \ne \int_0^\infty \lim_{n \to \infty} \bar{g}_n(x) dx$$
すなわち，$\lim_{n \to \infty}$ と $\int dx$ の順序を交換すると 2 つは等しくならないのである．

これは (9.6) の $\tilde{g}_n(x)$ でも同様である．図 9.5 の $y = \tilde{g}_n(x)$ のグラフは $n \to \infty$ のとき，キリのように鋭くきりたっていくが，三角形の面積を 1 に保つ．どのようなとき，$\lim_{n \to \infty}$ と $\int dx$ を交換しても値が変わらないであろうか．

定理 9.4 $f_n(x)$ は $[a,b]$ で連続とする.
$$f_n(x) \to f_\infty(x), \quad x \in [a,b]$$
が一様収束であるとき,
$$\int_a^b f_\infty(x)\,dx = \lim_{n\to\infty} \int_a^b f_n(x)\,dx \tag{9.18}$$
が成り立つ. なお, $a = -\infty$ や $b = \infty$ はとれない.

$$F_n = \int_a^b f_n(x)\,dx, \quad F_\infty = \int_a^b f_\infty(x)\,dx \tag{9.19}$$

で, (9.18) は関数列 $f_n(x) \to f_\infty(x)$ のとき, 面積の数列 $F_n \to F_\infty$ となることを示している.

なお, (9.3) は一様収束ではあるが, 積分区間が $[0,\infty)$ であり, (9.18) は成り立っていない.

定理 9.4 の証明 $f_n(x)$ は $[a,b]$ で連続で, $f_\infty(x)$ に一様収束しているので, $f_\infty(x)$ も連続であり, 積分可能. (9.19) について $F_n \to F_\infty$ を示す.

$$\begin{aligned}
|F_n - F_\infty| &= \left| \int_a^b f_n(x)\,dx - \int_a^b f_\infty(x)\,dx \right| \\
&\leq \int_a^b |f_n(x) - f_\infty(x)|\,dx \\
&\leq (b-a) \sup_{x \in [a,b]} |f_n(x) - f_\infty(x)| \\
&\to 0 \quad (n \to \infty) \tag{9.20}
\end{aligned}$$
■

(9.20) において, $|b-a| < \infty$ かつ, (9.11) の r_n が $r_n \to 0$ であることが本質的となっていることがわかる.

極限関数の微分

例 9.11 $I = [0,1]$ 上の関数列 $f_n(x) = \dfrac{x^n}{n}$ に対して,
$$\left(\lim_{n\to\infty} f_n(x) \right)' \neq \lim_{n\to\infty} f_n'(x)$$

実際，$\lim_{n\to\infty} f_n(x) = 0$（一様収束）であるから，$\left(\lim_{n\to\infty} f_n(x)\right)' = 0$．一方，$n \geq 2$ に対して，$f_n'(x) = x^{n-1}$．よって，$[0, 1)$ で $\lim_{n\to\infty} f_n'(x) = 0$ となるが，$f_n'(1) = 1$．このように $x = 1$ で $\lim_{n\to\infty} f_n'(x)$ は不連続になっていて，$f_n'(x)$ は一様収束していない． ◇

定理 9.5 区間 I で $f_n(x)$ は C^1 級とする．
$$f_n(x) \to f_\infty(x), \quad x \in I \tag{9.21}$$
であり，ある $g(x)$ に対して
$$f_n'(x) \to g(x), \quad x \in I \tag{9.22}$$
が一様収束であるならば，$f_\infty(x)$ も C^1 級となり，$f_\infty'(x) = g(x)$．すなわち，
$$\left(\lim_{n\to\infty} f_n(x)\right)' = \lim_{n\to\infty} f_n'(x) \tag{9.23}$$

(9.23) は $\lim_{n\to\infty}$ と微分の順序を交換しても値は変わらないことを示している．なお I は非有界でもよい．

定理 9.5 の証明 $a \in I$，$x \in I$ とする．(9.21) より，
$$f_n(x) - f_n(a) \to f_\infty(x) - f_\infty(a)$$
となるが，左辺は $f_n(x) - f_n(a) = \int_a^x f_n'(t) dt$ と書け，定理 9.4 より，
$$\int_a^x f_n'(t) dt \to \int_a^x g(t) dt$$
よって，
$$f_\infty(x) - f_\infty(a) = \int_a^x g(t) dt \tag{9.24}$$
ここで，$f_n'(x)$ は連続で，(9.22) が一様収束なので，$g(x)$ も連続となり，積分可能．(9.24) の右辺は微分可能なので，$f_\infty(x)$ も微分可能で，$f_\infty'(x) = g(x)$ となり，$g(x)$ が連続であることより，$f_\infty'(x)$ も連続，すなわち f_∞ は C^1 級． ∎

9.4 積分記号下の微分法

━━━━━━━━━━━━━━━ 積分記号下の微分法

以下では

$$\frac{d}{dy}\int_a^b f(x,y)\,dx = \int_a^b \frac{\partial}{\partial y} f(x,y)\,dx \tag{9.25}$$

について考察する．これは $\frac{d}{dy}$ と $\int_a^b dx$ の順序交換になっている．$\Big($左辺の $\frac{d}{dy}$ は右辺では偏微分 $\frac{\partial}{\partial y}$ となっているが，同じ極限操作で定義される．$\Big)$ (9.25) は x について定積分しているので，両辺 y だけの関数である．

以下，任意の y について (9.25) が成り立つとする．

$$g_h(x,y) = \frac{f(x,y+h) - f(x,y)}{h}$$

とおく．$f(x,y)$ が y について偏微分可能であるとき，

$$\begin{aligned}
\frac{\partial}{\partial y} f(x,y) &= \lim_{h\to 0} \frac{f(x,y+h)-f(x,y)}{h} \\
&= \lim_{n\to\infty} \frac{f\left(x, y+\frac{1}{n}\right) - f(x,y)}{\frac{1}{n}}
\end{aligned} \tag{9.26}$$

より，(9.25) の右辺は

$$\int_a^b \frac{\partial}{\partial y} f(x,y)\,dx = \int_a^b \lim_{n\to\infty} g_{\frac{1}{n}}(x,y)\,dx$$

となる．ここで y は固定していることに注意する．一方，(9.25) の左辺は

$$\begin{aligned}
\frac{d}{dy}\int_a^b f(x,y)\,dx &= \lim_{h\to 0} \frac{\int_a^b f(x,y+h)\,dx - \int_a^b f(x,y)\,dx}{h} \\
&= \lim_{h\to 0} \int_a^b \frac{f(x,y+h)-f(x,y)}{h}\,dx \\
&= \lim_{n\to\infty} \int_a^b g_{\frac{1}{n}}(x,y)\,dx
\end{aligned}$$

よって (9.25) が成り立つならば,

$$\int_a^b \lim_{n\to\infty} g_{\frac{1}{n}}(x,y)dx = \lim_{n\to\infty} \int_a^b g_{\frac{1}{n}}(x,y)dx \tag{9.27}$$

が成り立つ.

逆に, n は自然数なので, $h = \dfrac{1}{n}$ は $h \to 0$ といってもとびとびの値しかとれないので, (9.27) が成り立っても (9.25) が成り立つことにはならない. 一般に $\lim_{x\to a} f(x) = \alpha$ と

$${}^\forall \{x_n\} ; \lim_{n\to\infty} x_n = a, \quad \lim_{n\to\infty} f(x_n) = \alpha$$

は同値であるから, ${}^\forall \{h_n\} ; \lim_{n\to\infty} h_n = 0$ に対して,

$$\int_a^b \lim_{n\to\infty} g_{h_n}(x,y)dx = \lim_{n\to\infty} \int_a^b g_{h_n}(x,y)dx \tag{9.28}$$

が成り立てばよい. すなわち, $g_{h_n}(x,y)$ が $f_y(x,y)$ に $x \in [a,b]$ について一様収束すればよい.

定理 9.6 $f(x,y)$ は $[a,b] \times [c,d]$ で連続で, y について偏微分可能とする. このとき, $f_y(x,y)$ が $[a,b] \times [c,d]$ で連続であるならば, $F(y) = \int_a^b f(x,y)dx$ は $[c,d]$ で微分可能であり, (9.25) が成り立つ[*3].

=========== ルベーグ収束定理

定理 9.4 では積分区間の有界性と一様収束性を仮定しなくてはならないことで制約が大きい. ルベーグ収束定理はルベーグ積分で学ぶが, リーマン積分の意味で絶対可積分な関数に対して, 適用することができる[*4].

定理 9.7 $f_n(x)$ と $\lim_{n\to\infty} f_n(x)$ は $\mathbb{R}$ でリーマン絶対可積分とする. このとき, あるリーマン絶対可積分な関数 $\varphi(x)$ が存在して,

---

[*3] [24] の定理 7.6.6, 定理 7.6.10 などを参照されたい.
[*4] 証明は [1], [22] などを参照されたい.

$$^\forall n \in \mathbb{N}, \quad |f_n(x)| \leq \varphi(x)$$

が成り立つならば，

$$\int_{-\infty}^{\infty} \lim_{n\to\infty} f_n(x)\,dx = \lim_{n\to\infty} \int_{-\infty}^{\infty} f_n(x)\,dx \tag{9.29}$$

が成り立つ．

定理 9.8 $\mathbb{R} \times (c, d)$ 上の関数 $f(x, y)$ は y について偏微分可能で，$^\forall y \in (c, d)$ を固定するごとに x について $\mathbb{R}$ でリーマン絶対可積分とする．このとき，あるリーマン絶対可積分な関数 $\varphi(x)$ が存在して，

$$|f_y(x, y)| \leq \varphi(x)$$

が成り立つならば，$F(y) = \int_{-\infty}^{\infty} f(x, y)\,dx$ は (c, d) で微分可能であり，

$$\frac{d}{dy} \int_{-\infty}^{\infty} f(x, y)\,dx = \int_{-\infty}^{\infty} \frac{\partial}{\partial y} f(x, y)\,dx \tag{9.30}$$

が成り立つ．

9.5 関数項級数

関数列 $\{f_n(x)\}_{n=1,2,\cdots}$ からつくられる無限個の関数の和 $\sum_{n=1}^{\infty} f_n(x)$ が収束するとき，その和もまた関数となる．ここではその収束性，微分，積分について考察する．また $f_n(x)$ が数列 a_n に対して，$f_n(x) = a_n x^n$ となる場合である整級数について考察する．

定義 9.4 区間 I で定義された関数列 $\{f_n(x)\}_{n=1,2,\cdots}$ に対して，$f_1(x) + f_2(x) + f_3(x) + \cdots$ を関数項級数という．

$$S_m(x) := (f_1 + f_2 + \cdots + f_m)(x) = \sum_{n=1}^{m} f_n(x)$$

を m 部分和といい，関数項級数の極限を

$$\sum_{n=1}^{\infty} f_n(x) := \lim_{m\to\infty} S_m(x) \tag{9.31}$$

で定義する．$\{S_m(x)\}_{n=1,2,\cdots}$ は関数列なので，収束域，各点収束，一様収束は同

様に定義される．たとえば，$\lim_{m\to\infty} S_m(x) = S(x)$ が区間 I で一様収束するとき，$\sum_{n=1}^{\infty} f_n$ は区間 I で一様収束するという．

(9.31) は数列の無限個の和である級数の定義と同様の手順で定義されている．

━━━━━━━━━━━━━━━━━━━━━━━━━━━━━ 一様収束条件

$S_m(x)$ に対して，定理 9.1，定理 9.2 を適用すると以下の定理が得られる．

定理 9.9 区間 I 上の関数列 $\{f_n(x)\}$ に対して，$S_m(x) = \sum_{n=1}^{m} f_n(x)$ とする．$S_m(x)$ が I である $S(x)$ に一様収束するための必要十分条件は次の (1) または (2) である．

(1) $$\sup_{x \in I} |S_m(x) - S(x)| \to 0 \quad (m \to \infty) \qquad (9.32)$$

(2)
$$\forall \varepsilon > 0, \ \exists n_0 \in \mathbb{N} ; \\ n, m \geq n_0 \Longrightarrow \forall x \in I, \ |S_n(x) - S_m(x)| < \varepsilon \qquad (9.33)$$

━━━━━━━━━━━━━━━━━━━━━━━━━━━ 項別積分と項別微分

同様に $S_m(x)$ に対して，定理 9.3，定理 9.4 を適用すると以下の定理が得られる．

定理 9.10 区間 I で，$f_n(x)$ が連続で，$\sum_{n=1}^{\infty} f_n$ が I で一様収束するとき，

(1) $\sum_{n=1}^{\infty} f_n$ も I で連続

(2) （項別積分定理） $[a, b] \subset I$ に対して，

$$\int_a^b \sum_{n=1}^{\infty} f_n(x) dx = \sum_{n=1}^{\infty} \int_a^b f_n(x) dx \qquad (9.34)$$

例 9.12 原点を内点とする区間 $[a, b]$ で定義された $f(x)$ の原始関数がわからないとき，$f(x)$ が $x = 0$ でテーラー展開可能ならば，

$$f(x) = a_0 + a_1 x + a_2 x^2 + \cdots, \quad a_n = \frac{f^{(n)}(0)}{n!} \tag{9.35}$$

が $[a, b]$ で一様収束していれば

$$\int_a^b f(x)dx = \sum_{n=0}^{\infty} \int_a^b a_n x^n dx$$
$$= \sum_{n=0}^{\infty} \frac{f^{(n)}(0)}{(n+1)!}(b^{n+1} - a^{n+1}) \tag{9.36}$$

のように級数の和を求める問題になる． ◇

一般に有限個の微分可能な関数 $f_1(x), f_2(x), \cdots, f_n(x)$ に対して，

$$(f_1(x) + f_2(x) + \cdots + f_n(x))' = f_1'(x) + f_2'(x) + \cdots + f_n'(x)$$

は成り立っても，

$$(f_1(x) + f_2(x) + \cdots + f_n(x) + \cdots)' = f_1'(x) + f_2'(x) + \cdots + f_n'(x) + \cdots$$

は成り立つとは限らない．$S_m(x)$ に対して，定理 9.5 を適用すると以下の定理が得られる．

定理 9.11 （項別微分定理） 関数 $f_n(x)\,(n=1,2,\cdots)$ は区間 I で C^1 級とする．$\sum_{n=1}^{\infty} f_n(x)$ は I で各点収束し，$\sum_{n=1}^{\infty} f_n'(x)$ は I で一様収束するとする．このとき，$\sum_{n=1}^{\infty} f_n(x)$ は I で C^1 級で

$$\left(\sum_{n=1}^{\infty} f_n(x)\right)' = \sum_{n=1}^{\infty} (f_n'(x)) \tag{9.37}$$

例 9.13 I は原点を内点とする区間とする．

(1) 数列 $\{a_n\}$ に対して，$\sum_{n=0}^{\infty} a_n x^n$ は I で各点収束し，$^\forall k \in \mathbb{N}$ に対して，$\sum_{n=0}^{\infty} (a_n x^n)^{(k)}$ は I で一様収束するとする．このとき，

(i) $f(x) := \sum_{n=0}^{\infty} a_n x^n \in C^\infty(I)$ となり，

$$f^{(k)}(x) = \sum_{n=0}^{\infty} (a_n x^n)^{(k)} \tag{9.38}$$

(ii) 特に $f^{(k)}(0) = a_k k!$ となり，$f(x) = \sum_{n=0}^{\infty} a_n x^n$ は $f(x)$ の $x = 0$ のまわりのテーラー展開になっている.

(2) $g(x) \in C^{\infty}(I)$ に対して，$T_m[g](x) = \sum_{n=0}^{m} \dfrac{g^{(n)}(0)}{n!} x^n$ とし，$\lim_{m \to \infty} T_m[g](x) = \tilde{g}(x)$ とする．このとき $\sum_{n=0}^{\infty} \left(\dfrac{g^{(n)}(0)}{n!} x^n \right)^{(k)}$ が I で一様収束するならば，$\tilde{g}^{(k)}(0) = g^{(k)}(0)$ となり，$\tilde{g}(x) = g(x)$ となる．◇

== **優 級 数**

定理 9.12 （ワイヤシュトラスの優級数判定法） 区間 I 上の関数 $f_n(x)$ ($n = 1, 2, \cdots$) は非負数列 $M_n \geq 0$ ($n = 1, 2, \cdots$) に対して，
$$\forall x \in I, \quad |f_n(x)| \leq M_n$$
とする．このとき $\sum_{n=1}^{\infty} M_n < \infty$ ならば，$\sum_{n=1}^{\infty} f_n(x)$ は I で一様収束する.

証明 $|f_n(x)| \leq M_n$ であり，$\sum_{n=1}^{\infty} M_n < \infty$ であることより，$\sum_{n=1}^{\infty} f_n(x)$ は絶対収束する．よって $x \in I$ を固定すると，$S_m(x) = \sum_{n=1}^{m} f_n(x) \to S(x) \, (m \to \infty)$ となる $S(x)$ を見つけることができる[*5]．$\sum_{n=0}^{\infty} M_n = M$ とすると，$\sum_{n=0}^{m} M_n \to M \, (m \to \infty)$ より，

$$\sum_{n=m+1}^{\infty} M_n = \sum_{n=0}^{\infty} M_n - \sum_{n=0}^{m} M_n \to 0$$

すなわち，$\forall \varepsilon > 0$ に対して，$\sum_{n=m+1}^{\infty} M_n < \varepsilon$ となる m は x によらずとれて，

$$|S(x) - S_m(x)| \leq \sum_{n=m+1}^{\infty} |f_n(x)| \leq \sum_{n=m+1}^{\infty} M_n < \varepsilon$$

よって $S_m(x)$ は一様収束する．■

定理 9.12 で，$\sum_{n=1}^{\infty} M_n$ を $\sum_{n=1}^{\infty} f_n(x)$ の優級数という．

[*5] 一般に $\sum_{n=1}^{\infty} |a_n| < \infty \Longrightarrow \left| \sum_{n=1}^{\infty} a_n \right| < \infty$.

9.6 整級数

$\sum_{n=0}^{\infty} a_n(x-a)^n$ を (a を中心とする) 整級数という．x を a だけ平行移動すると，すなわち $t = x - a$ とすると，$\sum_{n=0}^{\infty} a_n t^n$ という 0 を中心とする整級数になるので，以後 $a = 0$ とする．$\sum_{n=0}^{\infty} a_n x^n$ の収束域を調べたい．もちろん，$x = 0$ で収束する．

定理 9.13 (1) $\sum_{n=0}^{\infty} a_n x^n$ が，ある $x = x_0$ ($\neq 0$) で収束するとする．このとき，

(i) 開区間 $(-|x_0|, |x_0|)$ の各点で $\sum_{n=0}^{\infty} a_n x^n$ は絶対収束する．

(ii) 開区間 $(-|x_0|, |x_0|)$ に含まれる任意の有界閉区間で $\sum_{n=0}^{\infty} a_n x^n$ は一様収束する．

(2) $\sum_{n=0}^{\infty} a_n x^n$ が，ある $x = x_0$ ($\neq 0$) で発散すれば，$(-\infty, -|x_0|) \cup (|x_0|, \infty)$ で $\sum_{n=0}^{\infty} a_n x^n$ は発散する．

証明 (1) (i) のためには $-|x_0| < {}^\forall x < |x_0|$ で，$\sum_{n=0}^{\infty} |a_n x^n| < \infty$ となればよい．つまり $0 < {}^\forall c < |x_0|$ に対して，$[-c, c]$ で $\sum_{n=0}^{\infty} |a_n x^n| < \infty$ を示せばよい．(ii) のためには $0 < {}^\forall c < |x_0|$ に対して，$[-c, c]$ で $\sum_{n=0}^{\infty} a_n x^n$ が一様収束することを示せばよい．よって $\sum_{n=0}^{\infty} |a_n x^n|$ が $[-c, c]$ で一様収束することを示せば (i), (ii) を同時に示すことになる．

$\sum_{n=0}^{\infty} a_n x_0^n$ が収束するので，数列 $\{a_n x_0^n\}$ は $a_n x_0^n \to 0$．収束する数列は有界なので，${}^\forall n \in \mathbb{N}$ で $|a_n x_0^n| \leq M$ とできる．$|x| \leq c$ に対して，

$$|a_n x^n| \leq |a_n x_0^n| \left(\frac{|x|}{|x_0|}\right)^n \leq M \left(\frac{c}{|x_0|}\right)^n$$

$\dfrac{c}{|x_0|} < 1$ なので $\sum_{n=0}^{\infty} M\left(\dfrac{c}{|x_0|}\right)^n < \infty$. よって $\sum_{n=0}^{\infty} M\left(\dfrac{c}{|x_0|}\right)^n$ を優級数として，ワイヤシュトラスの優級数判定法を用いると，$\sum_{n=0}^{\infty} |a_n x^n|$ は $[-c, c]$ で一様収束する.

(2) $|x_1| > |x_0|$ をみたす x_1 で，$\sum_{n=0}^{\infty} a_n x_1{}^n$ が収束するならば，(1) の (i) より $|x| < |x_1|$ となる x でも $\sum_{n=0}^{\infty} a_n x^n$ は収束しなければならないので，x_0 でも収束しなければならないこととなる．これは仮定に矛盾する. ∎

=== 収束半径 ===

命題 9.1 $\sum_{n=0}^{\infty} a_n x^n$ の収束域を A とするとき,
$$r = \sup\{|x| \mid x \in A\} \tag{9.39}$$
とする．このとき，
(1) $r = 0$ のとき, $A = \{0\}$
(2) $r \neq 0$ のとき, $(-r, r) \subset A \subset [-r, r]$

証明 (1) $0 \in A$ である．$x \neq 0$ なる $x \in A$ が存在すると，$|x| > 0$ となり，$r = 0$ に反する.

(2) $(-r, r) \subset A$ を示すために，$x \in (-r, r) \Longrightarrow x \in A$ を示す．$B = \{|x| \mid x \in A\}$ とする．$x \in (-r, r)$ のとき，$|x| < r$ であるから，$\sup B$ の定義より，$|x| < |x_0| < r$ となる $x_0 \in A$ がとれ，定理 9.13 (1) の (i) より，$x \in A$.

$A \subset [-r, r]$ の対偶を示す．$|x| > r$ のとき, $\sup$ の定義より，$x \notin A$. よって，$A \subset [-r, r]$. ∎

(9.39) の r を $\sum_{n=0}^{\infty} a_n x^n$ の収束半径という．端点 $x = -r, r$ で $\sum_{n=0}^{\infty} a_n x^n$ が収束するか否かは整級数によりさまざま．以上をまとめると，

定理 9.14 $\sum_{n=0}^{\infty} a_n x^n$ の収束半径を r $(r > 0)$ とする.

(1)　(i)　${}^{\forall} x \in (-r, r), \sum_{n=0}^{\infty} |a_n x^n| < \infty.$

　　(ii)　${}^{\forall} x \notin [-r, r]$ に対して，$\sum_{n=0}^{\infty} a_n x^n$ は発散する.

(2) $(-r, r)$ に含まれる任意の有界閉区間で, $\sum_{n=0}^{\infty} a_n x^n$ は一様収束する.

(3) $f(x) := \sum_{n=0}^{\infty} a_n x^n$ は $(-r, r)$ で連続.

証明 (3) を証明すればよい. (2) より, $(-r, r)$ に含まれる任意の有界閉区間で連続関数 $f_n(x) = a_n x^n$ に対して, $\sum_{n=0}^{m} f_n(x)$ は $m \to \infty$ のとき, $f(x) = \sum_{n=0}^{\infty} a_n x^n$ に一様収束するので, 定理 9.10 より, $f(x)$ は連続. $\forall x_0 \in (-r, r)$ は $(-r, r)$ の内点であり, $x_0 \in [a, b] \subset (-r, r)$ となる有界閉区間 $[a, b]$ がとれる. よって $f(x)$ は x_0 で連続. ∎

== 収束半径を求める

定理 9.15 (コーシー・アダマール) $\lim_{n \to \infty} \sqrt[n]{|a_n|}$ が存在するとき, $\sum_{n=0}^{\infty} a_n x^n$ の収束半径 r は

$$r = \frac{1}{\lim_{n \to \infty} \sqrt[n]{|a_n|}} \tag{9.40}$$

で与えられる. ただし, $\lim_{n \to \infty} \sqrt[n]{|a_n|} = 0$ (または ∞) のときは, $r = \infty$ (または 0) とする[*6].

証明 正項級数 $\sum_{n=0}^{\infty} |a_n x^n|$ にコーシー判定法を用いると

$$a := \lim_{n \to \infty} \sqrt[n]{|a_n x^n|} = \left(\lim_{n \to \infty} \sqrt[n]{|a_n|} \right) |x|$$

に対して, $a < 1$ ならば収束, $a > 1$ ならば発散. よって,

$$|x| < \frac{1}{\lim_{n \to \infty} \sqrt[n]{|a_n|}} \implies x \in A$$

$$|x| > \frac{1}{\lim_{n \to \infty} \sqrt[n]{|a_n|}} \implies x \notin A$$

∎

[*6] コーシー・アダマールの定理は $\lim_{n \to \infty} \sqrt[n]{|a_n|}$ が存在しないときでも, $r = \frac{1}{\varlimsup_{n \to \infty} \sqrt[n]{|a_n|}}$ を与える. [24] などを参照されたい.

定理 9.16 $\sum\limits_{n=0}^{\infty} a_n x^n$ の収束半径を r とする. $\lim\limits_{n\to\infty} \left|\dfrac{a_{n+1}}{a_n}\right|$ が存在するとき,

$$r = \frac{1}{\lim\limits_{n\to\infty}\left|\dfrac{a_{n+1}}{a_n}\right|} = \lim_{n\to\infty}\left|\dfrac{a_n}{a_{n+1}}\right| \tag{9.41}$$

証明 $\lim\limits_{n\to\infty}\left|\dfrac{a_{n+1}}{a_n}\right|$ が存在するとき, $\lim\limits_{n\to\infty}\left|\dfrac{a_{n+1}}{a_n}\right| = \lim\limits_{n\to\infty} \sqrt[n]{|a_n|}$ [*7]. ∎

例 9.14 $\sum\limits_{n=0}^{\infty} \binom{a}{n} x^n$ の収束半径を求める.

$$\binom{a}{n} = \dfrac{a(a-1)\cdots(a-n+1)}{n!} \quad (-\infty < a < \infty)$$

$$= \begin{cases} \dfrac{1}{n!}\prod\limits_{i=0}^{n-1}(a-i), & n=1,2,\cdots \\ 1, & n=0 \end{cases}$$

(1) $a = 0, 1, 2, \cdots$ のとき, $n > a$ となる n で $\binom{a}{n} = 0$ となるため, $\sum\limits_{n=0}^{\infty}\binom{a}{n} x^n$ は有限和となり, ${}^{\forall}x \in \mathbb{R}$ で収束.

(2) $a \neq 0, 1, 2, \cdots$ のとき, $\binom{a}{n} \neq 0$.

$$\dfrac{\binom{a}{n+1}}{\binom{a}{n}} = \dfrac{a(a-1)\cdots(a-n)}{(n+1)!} \cdot \dfrac{n!}{a\cdots(a-(n-1))} = \dfrac{a-n}{n+1} \to -1$$

よって, $\lim\limits_{n\to\infty}\left|\dfrac{a_{n+1}}{a_n}\right| = 1$ より収束半径は 1. ◇

命題 9.2 (1) $\sum\limits_{n=0}^{\infty} a_n x^n$ と $\sum\limits_{n=0}^{\infty} a_n x^{n+1}$ の収束半径は等しい.

(2) $\sum\limits_{n=0}^{\infty} a_n x^n$ と $\sum\limits_{n=0}^{\infty} n a_n x^n$ の収束半径は等しい.

証明 (1) $\sum\limits_{n=0}^{\infty} a_n x^{n+1} = x \sum\limits_{n=0}^{\infty} a_n x^n$ より明らか.

[*7] [30] の命題 4.13.

(2) $\sum_{n=0}^{\infty} a_n x^n$ の収束半径を r, $\sum_{n=0}^{\infty} n a_n x^n$ の収束半径を r' とする.

(i) $r \geq r'$ を示す. $x \in (-r', r')$ とすると, $\sum_{n=0}^{\infty} |n a_n x^n| < \infty$ となるが, $|a_n x^n| \leq |n a_n x^n|$ より, $\sum_{n=0}^{\infty} |a_n x^n| < \infty$. すなわち $x \in [-r, r]$. よって, $r \geq r'$ [*8].

(ii) $r' \geq r$ を示す.

ステップ 1 $x \in (-r, r)$ とする. $|x| < c < r$ に対して,
$$n a_n x^n = \alpha_n \cdot \beta_n, \quad \alpha_n = a_n c^n, \quad \beta_n = n\left(\frac{x}{c}\right)^n$$
とおくと, $\sum_{n=0}^{\infty} |\alpha_n| < \infty$ で, $t := \frac{x}{c}$ に対して, $|t| < 1$.

ステップ 2 $\qquad |t| < 1 \Longrightarrow \sum_{n=0}^{\infty} n|t|^n < \infty$

なぜなら, $\beta_n = n t^n$ に対して,
$$\frac{\beta_{n+1}}{\beta_n} = \frac{(n+1)t^{n+1}}{n t^n} = \frac{n+1}{n} t \to t < 1$$
となり, ダランベール判定法より, $\sum_{n=0}^{\infty} n|t|^n < \infty$ [*9].

ステップ 3 $\sum_{n=0}^{\infty} |\alpha_n| < \infty \wedge \sum_{n=0}^{\infty} |\beta_n| < \infty \Longrightarrow \sum_{n=0}^{\infty} |\alpha_n \beta_n| < \infty$

なぜなら, $\sum_{n=0}^{\infty} |\alpha_n| < \infty$ より, $|\alpha_n| \leq {}^{\exists} M$. よって, $\sum_{n=0}^{\infty} |\alpha_n \beta_n| \leq M \sum_{n=0}^{\infty} |\beta_n| < \infty$.

以上より, $r \leq r'$. ∎

=============== **整級数の項別積分と項別微分**

例 9.13 で考察したことは, 以下のようにまとめられる.

定理 9.17 $f(x) = \sum_{n=0}^{\infty} a_n x^n$ の収束半径を r とする. $f(x)$ は $(-r, r)$ で連続で,

---

[*8] 一般に係数 $|a_n|$ が大きいほど収束半径は小さくなる傾向があることがわかる.
[*9] [30] の定理 10.9.

(1) $x \in (-r, r)$ に対して,

$$\int_0^x f(t)\,dt = \int_0^x \sum_{n=0}^\infty a_n t^n dt = \sum_{n=0}^\infty \frac{a_n}{n+1} x^{n+1} = x \sum_{n=0}^\infty \frac{a_n}{n+1} x^n \tag{9.42}$$

の収束半径も r である.

(2) f は $C^\infty((-r,r))$ であり, $\forall k \in \mathbb{N}$ に対して,

$$f^{(k)}(x) = \sum_{n=k}^\infty n(n-1)\cdots(n-k+1) a_n x^{n-k} \tag{9.43}$$

の収束半径も r である. ここで $a_k = \dfrac{f^{(k)}(0)}{k!}$ となる.

証明 (1) 任意の閉区間 $[a,b] \subset (-r,r)$ 上で一様収束するので項別積分ができ,

$$\int_a^b \sum_{n=0}^\infty a_n x^n dx = \sum_{n=0}^\infty a_n \int_a^b x^n dx = \sum_{n=0}^\infty a_n \frac{1}{n+1}(b^{n+1} - a^{n+1})$$

ここで, $a=0, b=x$ とすると, (9.42) が得られる. $\sum_{n=0}^\infty \dfrac{a_n}{n+1} x^{n+1}$ の収束半径は $\sum_{n=0}^\infty n\dfrac{a_n}{n+1} x^{n+1} = x\sum_{n=0}^\infty \dfrac{n}{n+1} a_n x^n$ と等しいので, 収束半径は r のまま.

(2) (1) と同様, 項別微分ができ,

$$\left(\sum_{n=0}^\infty a_n x^n\right)' = \sum_{n=0}^\infty a_n (x^n)' = \sum_{n=1}^\infty n a_n x^{n-1}$$

$\sum_{n=1}^\infty n a_n x^{n-1}$ の収束半径は $x\sum_{n=1}^\infty n a_n x^{n-1} = \sum_{n=0}^\infty n a_n x^n$ の収束半径と等しく, 命題 9.2 より, 微分によって収束半径は変化しない. よって繰り返し微分でき, f は $C^\infty((-r,r))$ となる. k 回項別微分して, (9.43) を得る. (9.43) に $x=0$ を代入すると, 右辺は $n>k$ の項は 0 であるので, $f^{(k)}(0) = k! a_k$. ∎

例 9.15 $\sum_{n=0}^\infty \binom{a}{n} x^n = (1+x)^a$ を確かめる.

(1) $a = 0, 1, 2, \cdots$ のとき. 例 9.14(1) より収束域は $(-\infty, \infty)$ で,

$$\sum_{n=0}^\infty \binom{a}{n} x^n = \sum_{n=0}^a \binom{a}{n} x^n = \sum_{n=0}^a {}_a C_n x^n = (1+x)^a$$

(2) $a \neq 0, 1, 2, \cdots$ のとき. 収束半径は 1 であった. $-1 < x < 1$ に対して, $f(x) = \sum_{n=0}^{\infty} \binom{a}{n} x^n$ が $\dfrac{f(x)}{(1+x)^a} = 1$ をみたすことを示す. $\dfrac{f(x)}{(1+x)^a}$ は $(-1, 1)$ で微分可能で,

$$\left(\frac{f(x)}{(1+x)^a}\right)' = \frac{(1+x)f'(x) - af(x)}{(1+x)^{a+1}} \tag{9.44}$$

以下, 右辺の分子が 0 となることを示す.

$$\begin{aligned} f(x) &= \binom{a}{0} + \sum_{n=1}^{\infty} \binom{a}{n} x^n \\ &= 1 + \sum_{n=1}^{\infty} \frac{1}{n!} \prod_{i=0}^{n-1} (a-i) x^n \end{aligned} \tag{9.45}$$

を項別微分すると,

$$\begin{aligned} f'(x) &= \sum_{n=1}^{\infty} \binom{a}{n} n x^{n-1} \\ &= \sum_{n=1}^{\infty} \frac{a(a-1)\cdots(a-(n-1))}{(n-1)!} x^{n-1} \\ &= \sum_{m=0}^{\infty} \frac{a(a-1)\cdots(a-m)}{m!} x^m \\ xf'(x) &= \sum_{n=1}^{\infty} \frac{a\cdots(a-(n-1))}{(n-1)!} x^n \end{aligned}$$

$$\begin{aligned} f'(x) + xf'(x) &= \sum_{n=0}^{\infty} \frac{a\cdots(a-(n-1))(a-n)}{n!} x^n + \sum_{n=1}^{\infty} \frac{a\cdots(a-(n-1))}{(n-1)!} x^n \\ &=: A + B \end{aligned}$$

$$\begin{aligned} A &= a + \sum_{n=1}^{\infty} \frac{a\cdots(a-(n-1))(a-n)}{n!} x^n \\ &= a + \sum_{n=1}^{\infty} \frac{a\cdots(a-(n-1))a}{n!} x^n + \sum_{n=1}^{\infty} \frac{a\cdots(a-(n-1))(-n)}{n!} x^n \\ &= a + a \sum_{n=1}^{\infty} \frac{a\cdots(a-(n-1))}{n!} x^n - \sum_{n=1}^{\infty} \frac{a\cdots(a-(n-1))}{(n-1)!} x^n \\ &= a + a \sum_{n=1}^{\infty} \binom{a}{n} x^n - B \end{aligned}$$

よって
$$f'(x) + xf'(x) = a + a\sum_{n=1}^{\infty}\binom{a}{n}x^n = a\sum_{n=0}^{\infty}\binom{a}{n}x^n = af(x)$$

よって，(9.44) で $\left(\dfrac{f(x)}{(1+x)^a}\right)' = 0$ より，$\dfrac{f(x)}{(1+x)^a} = {}^\exists k$ （一定値関数）．$f(0) = \binom{a}{0} = 1$ より $k=1$．◇

定理 9.18 （整級数の一意性）$\sum_{n=0}^{\infty}a_n x^n$，$\sum_{n=0}^{\infty}b_n x^n$ が原点を含む開区間で収束し，和が等しければ，
$$\forall n \in \mathbb{N}, \quad a_n = b_n$$

証明 $f(x) = \sum_{n=0}^{\infty}a_n x^n$，$g(x) = \sum_{n=0}^{\infty}b_n x^n$ とする．原点を含む開区間を (a,b) とすると，$\forall x \in (a,b)$, $f(x) = g(x)$ であるから，$c_n = a_n - b_n$ とすると，$\forall x \in (a,b)$ に対して，
$$h(x) := f(x) - g(x) = \sum_{n=0}^{\infty}c_n x^n = 0$$
ここで $h(0) = c_0 = 0$．$f, g \in C^\infty((a,b))$ より，$h(x) \in C^\infty((a,b))$ であるから $0 \in (a,b)$ で何回でも微分できる．$h'(x) = \sum_{n=1}^{\infty}n c_n x^{n-1}$ より，$h'(0) = c_1 = 0$．微分を繰り返し，$c_n = 0$ を得，$a_n = b_n$ となる．■

定理 9.19 （アーベルの連続性定理）[*10] $\sum_{n=0}^{\infty}a_n x^n$ の収束半径を r とする．

(1) $\sum_{n=0}^{\infty}a_n r^n$ が収束するならば，$\lim_{x\to r-0}\sum_{n=0}^{\infty}a_n x^n = \sum_{n=0}^{\infty}a_n r^n$．つまり，$f(x) = \sum_{n=0}^{\infty}a_n x^n$ に対して，$\lim_{x\to r-0} f(x) = f(r)$（左連続）．

(2) $\sum_{n=0}^{\infty}a_n(-r)^n$ が収束するならば，$\lim_{x\to -r+0} f(x) = f(-r)$（右連続）．

[*10] アーベルの連続性定理は，本書では例 9.16 以外で利用することはないので，証明は行わない．（証明は [3] などを参照されたい．）

例 9.16 $x \in (-1, 1)$ で,
$$\log(1+x) = \int_0^x \frac{1}{1+t} dt = \int_0^x (1 - t + t^2 - \cdots) dt$$
$$= x - \frac{x^2}{2} + \frac{x^3}{3} - \cdots$$

これは項別積分. 右辺は $x = 1$ で収束する. (ライプニッツの交代級数定理.) よって, アーベルの連続性定理より,
$$\log 2 = \lim_{x \to 1-0}(1+x) = 1 - \frac{1}{2} + \frac{1}{3} - \frac{1}{4} + \cdots \qquad \diamondsuit$$

9.7 整級数展開による微分方程式の解法

例 9.17 $y'' - 3y' + 2y = 0$ の解を
$$y(x) = \sum_{n=0}^{\infty} a_n x^n \qquad (9.46)$$

とおいて, a_n の条件式を出して, a_n をすべて求めてみる. 収束域の内部では項別微分ができる.

ステップ 1 a_n を求める.
$$y' = \left(\sum_{n=0}^{\infty} a_n x^n\right)' = \sum_{n=1}^{\infty} a_n (x^n)' = \sum_{n=1}^{\infty} a_n n x^{n-1} = \sum_{n=0}^{\infty} a_{n+1}(n+1) x^n$$
$$y'' = \sum_{n=2}^{\infty} a_n n(n-1) x^{n-2} = \sum_{n=0}^{\infty} a_{n+2}(n+2)(n+1) x^n \qquad (9.47)$$

を方程式に代入して
$$\sum_{n=0}^{\infty} \{(n+2)(n+1)a_{n+2} - 3(n+1)a_{n+1} + 2a_n\} x^n = 0$$

これは収束域の内部の x について恒等式なので, すべての n について,
$$(n+2)(n+1)a_{n+2} - 3(n+1)a_{n+1} + 2a_n = 0 \qquad (9.48)$$

ここで, 初期条件
$$y(0) = \alpha, \quad y'(0) = \beta$$

であるとき,

$$y(0) = \left(\sum_{n=0}^{\infty} a_n x^n\right)\bigg|_{x=0} = (a_0 + a_1 x + \cdots)\bigg|_{x=0} = a_0$$

$$y'(0) = \left(\sum_{n=0}^{\infty} a_{n+1}(n+1)x^n\right)\bigg|_{x=0} = a_1$$

より,

$$a_0 = \alpha, \quad a_1 = \beta \tag{9.49}$$

(9.49) を (9.48) に代入すると, $a_2, a_3, \cdots$ と順次 a_n は求まっていく.

ここでたとえばコンピュータの使用を前提としているとき, 大きな n_0 について, $a_1, a_2, \cdots, a_{n_0}$ がすべて求まっていて, $\sum_{n=0}^{n_0} a_n x^n$ を計算することで, 解 $y(x)$ の n_0 次近似解が求められ, グラフを描くことができる. 収束半径 r は $r = \lim_{n \to \infty} \left|\dfrac{a_n}{a_{n+1}}\right|$ で与えられる.

ステップ2 べき級数で表示された解はどんな関数のテーラー展開か?

この問題では一般解が $Ae^x + Be^{2x}$ とわかっていて, $e^x = \sum_{n=0}^{\infty} \dfrac{1}{n!} x^n$ より,

$$Ae^x + Be^{2x} = A \sum_{n=0}^{\infty} \frac{1}{n!} x^n + B \sum_{n=0}^{\infty} \frac{1}{n!}(2x)^n$$

$$= \sum_{n=0}^{\infty} \frac{A + 2^n B}{n!} x^n$$

より, $a_n = \dfrac{A + 2^n B}{n!}$ を (9.48) の左辺に代入すると

$$(n+2)(n+1)\frac{A + 2^{n+2}B}{(n+2)!} - 3(n+1)\frac{A + 2^{n+1}B}{(n+1)!} + 2\frac{A + 2^n B}{n!}$$

$$= \frac{1}{n!}\{A + 4 \cdot 2^n B - 3(A + 2 \cdot 2^n B) + 2(A + 2^n B)\} = 0$$

と確かに, (9.48) は一般解 $Ae^x + Be^{2x}$ となっていることがわかる.

べき級数展開は, 一般解が求められないとき, ある n について, n 次近似がわかれば十分な場合に利用されるが, (9.46) が解になることを次章で考察する. ◇

なお, 初期条件が $y(p) = \alpha, y'(p) = \beta$ のときは $x = p$ の周辺での解が知り

たいので $y(x) = \sum_{n=0}^{\infty} a_n(x-p)^n$ として展開する.

変数係数の方程式

第5章で述べたように

$$\begin{cases} y'' + p(x)y' + q(x)y = 0 \\ y(0) = \alpha, \quad y'(0) = \beta \end{cases} \tag{9.50}$$

の一般的な解法はないが，整級数展開法が同様に適用される.

$$p(x) = \sum_{n=0}^{\infty} p_n x^n, \quad q(x) = \sum_{n=0}^{\infty} q_n x^n, \quad |x| < r \tag{9.51}$$

に対して，解を (9.46) とする. ただし，$|x| < r$ とする. (9.50) に (9.46), (9.47), (9.51) を代入する. ここで

$$\left(\sum_{n=0}^{\infty} p_n x^n\right)\left(\sum_{n=0}^{\infty} a_{n+1}(n+1)x^n\right) = \sum_{n=0}^{\infty}\left(\sum_{k=0}^{n} a_{k+1}(k+1)p_{n-k}\right)x^n$$

$$\left(\sum_{n=0}^{\infty} q_n x^n\right)\left(\sum_{n=0}^{\infty} a_n x^n\right) = \sum_{n=0}^{\infty}\left(\sum_{k=0}^{n} a_k q_{n-k}\right)x^n$$

よって x^n の係数は

$$a_{n+2}(n+2)(n+1) + \sum_{k=0}^{n} a_{k+1}(k+1)p_{n-k} + \sum_{k=0}^{n} a_k q_{n-k} = 0 \tag{9.52}$$

をみたす. 初期条件によって，a_0, a_1 が (9.49) となるので，$a_2, a_3, \cdots$ と順次 a_n は求められる. これによって (9.46) の収束半径も与えられる. このとき (9.46) は (9.50) の解となるが，このことを次章で確かめる.

第10章

不動点定理と解の存在

ここでは
$$y' = f(x, y), \quad y(a) = b \tag{10.1}$$
の解を逐次近似法によって関数項級数で与えることを考えるが，その極限の存在は明らかではなく，存在したとしても，その極限が (10.1) の解となるかも不明である．そこで $f(x,y)$ が y に関して一様リプシッツ連続であるとき，縮小写像の原理によって，(10.1) の解の存在を示す．

10.1 逐次近似法

$y' = f(x)y$ は変数分離法で解くことができ，$y' = f(x)y + g(x)$ は定数変化法や積分因子による解法で求めることができる．しかし，$y' = f(x,y)$ は f が特定の形をしていないと，一般的に解くことができない．そこで次のように考える．

━━━━━━━━ 微分方程式の初期値問題と同値な積分方程式

$f(x,y)$ が連続であるとき，(10.1) と
$$y(x) = b + \int_a^x f(t, y(t))\,dt \tag{10.2}$$
の同値性を示す．

(10.1) $\Longrightarrow$ (10.2) は，$y' = f(x,y)$ を $[a,x]$ で定積分すると

$$\int_a^x y'(t)\,dt = \int_a^x f(t, y(t))\,dt$$

よって，

$$y(x) - y(a) = \int_a^x f(t, y(t))\,dt$$

(10.2) $\Longrightarrow$ (10.1) は (10.2) を微分すればよい．また (10.2) に $x = a$ を代入すると，$y(a) = b + 0 = b$ を得る．よって，(10.1) を解くには (10.2) を解けばよいことがわかった．しかし，y がわかっていないので当然 (10.2) の積分はわからない．

積分方程式の逐次近似

例として，

$$y' = y, \quad y(0) = 1$$

を考えてみる．$f(x, y) = y$ という最も簡単な場合である．

積分方程式は

$$y(x) = 1 + \int_0^x y(t)\,dt \tag{10.3}$$

ステップ1　逐次近似

まず，初期条件 $y(0) = 1$ より，定数関数 $y_0(x) = 1$ とする．$y_0(x)$ を 0 次近似という．この $y_0(x)$ を (10.3) の右辺に代入し，

$$y_1(x) = 1 + \int_0^x y_0(t)\,dt = 1 + x$$

とする．$y_1(x)$ を 1 次近似という．2 次近似は同様に

$$y_2(x) = 1 + \int_0^x y_1(t)\,dt$$
$$= 1 + \int_0^x (1 + t)\,dt = 1 + x + \frac{1}{2}x^2$$

で与え，

$$y_n(x) = 1 + \int_0^x y_{n-1}(t)\,dt \tag{10.4}$$

によって，順次，n 次近似 $y_n(x)$ を定める．ここで $y_n(x)$ が具体的な関数として求まり，$\lim_{n\to\infty} y_n(x)$ が収束すれば，$y_\infty(x) = \lim_{n\to\infty} y_n(x)$ とする．

ステップ2 この y_∞ は (10.3) の解になっているか？

(10.4) の両辺の $\lim_{n\to\infty}$ をとって，形式的に

$$\lim_{n\to\infty} y_n(x) = \lim_{n\to\infty} \left(1 + \int_0^x y_{n-1}(t)\,dt\right)$$
$$= 1 + \lim_{n\to\infty} \int_0^x y_{n-1}(t)\,dt$$
$$= 1 + \int_0^x \lim_{n\to\infty} y_{n-1}(t)\,dt \qquad (10.5)$$

となり，

$$y_\infty(x) = 1 + \int_0^x y_\infty(t)\,dt$$

より y_∞ は (10.3) の解となる．ここで

$$\lim_{n\to\infty} \int_0^x y_{n-1}(t)\,dt = \int_0^x \lim_{n\to\infty} y_{n-1}(t)\,dt$$

が正しいかどうかわからない．y_n が一様収束であればよい[*1]．

ステップ3 $y_\infty(x)$ はどんな関数か？

$y_n(x)$ は実は

$$y_n(x) = 1 + x + \frac{1}{2}x^2 + \cdots + \frac{1}{n!}x^n \qquad (10.6)$$

であるので，この場合は $y_\infty(x) = e^x$ であることがわかる．

一般に (10.2) に対して，
(1) n 次近似

$$y_n(x) = b + \int_a^x f(t, y_{n-1}(t))\,dt, \quad y_0(x) = b \qquad (10.7)$$

で，$y_1, y_2, \cdots$ と求まっていくとは限らない．右辺の積分計算ができるかどうかわからない．$f(t, y_{n-1}(t))$ の原始関数がわからないかもしれない．部

[*1] または，ルベーグ収束定理が使えることがわかればよい．

分積分，置換積分ができないかもしれない．
(2) $y_n(x)$ がわかったとして，$\lim_{n\to\infty} y_n(x)$ は収束するか？
(3) 収束したとして，y_∞ は解か？

$$\lim_{n\to\infty}\int_0^x f(t, y_{n-1}(t))dt = \int_0^x \lim_{n\to\infty} f(t, y_{n-1}(t))dt$$
$$= \int_0^x f(t, \lim_{n\to\infty} y_{n-1}(t))dt$$

となるか？
(4) y_∞ はどんな関数の展開になっているか？

作用素の不動点

微分方程式 $y' = y$, $y(0) = 1$ の積分方程式 (10.3) を解くために (10.4) を考えた．連続関数 $f(x)$ に対して作用素 T を

$$T(f)(x) = 1 + \int_0^x f(t)dt \tag{10.8}$$

とおくと，(10.4) は $y_n(x) = T(y_{n-1}(x))$ と書ける．$f(x)$ が積分方程式の解であれば $f = T(f)$．つまり，微分方程式の解は，作用素 T で変化しない関数である．y_{n-1} は T によって y_n に動かされる．しかし，y_∞ が存在して $y_\infty = T(y_\infty)$ のとき，y_∞ は T によって動かない．T によって動かない関数を「不動点」という．

微分方程式を解くことは T の不動点を求める問題となる．すなわち (10.1) の解を求める問題は，(10.7) に対して $y_\infty(x)$ を求める問題となり，それは

$$T(y)(x) = b + \int_a^x f(t, y(t))dt$$

の不動点を求める問題となった．

「不動点」というように，関数からなる集合の元1つ1つを「点」とよぶ．以

下では関数からなる集合内の 2 点間の距離，すなわち関数と関数の間の距離という概念を導入する．

10.2 ノルム空間

例 10.1　$C([a,b])$ は $[a,b]$ での連続関数全体の集合とする．
$$x(t), y(t) \in C([a,b]) \Longrightarrow {}^\forall \alpha, {}^\forall \beta \in \mathbb{R}, \ \alpha x(t) + \beta y(t) \in C([a,b])$$
より，$C([a,b])$ はベクトル空間である．$C([a,b])$ は無限次元である．実際，$x_0(t) = 1, x_1(t) = t, x_2(t) = t^2, \cdots, x_n(t) = t^n$ とすると，$x_0, \cdots, x_n$ は 1 次独立．なぜなら，
$${}^\forall t \in [a,b], \ a_0 \cdot 1 + a_1 t + a_2 t^2 + \cdots + a_n t^n = 0$$
$$\Longrightarrow a_0 = a_1 = \cdots = a_n = 0$$
ここで n は任意であり，$n \to \infty$ とできるから，$C([a,b])$ は無限次元である．
◇

定義 10.1　ベクトル空間 X において，関数 $\|\cdot\| : X \to [0, \infty)$ が
$$\begin{array}{r} {}^\forall x \in X, \ \|x\| \geq 0 \\ \|x\| = 0 \Longleftrightarrow x = 0 \end{array} \quad (10.9)$$
$$\|\alpha x\| = |\alpha| \|x\| \quad (10.10)$$
$$\|x + y\| \leq \|x\| + \|y\| \quad (10.11)$$
をみたすとき，$\|\cdot\|$ をノルムといい，$(X, \|\cdot\|)$ をノルム空間という．

例 10.2　$C([a,b])$ はノルム
$$\|x\|_\infty = \max_{a \leq t \leq b} |x(t)|$$
に対してノルム空間となる．実際，$\|x\|_\infty$ は (10.9) ～ (10.11) をみたす．
(10.11) は $|(x+y)(t)| \leq |x(t)| + |y(t)| \leq \|x\|_\infty + \|y\|_\infty$ より，左辺において最大値をとればよい．◇

定義 10.2　$(X, \|\cdot\|)$ をノルム空間とする．
(1)　$x, y \in X$ に対して，$d(x, y) = \|x - y\|$ を x と y との距離という．
(2)　$x_n, a \in X$ に対して，$\|x_n - a\| \to 0$ のとき x_n が a に収束するといい，

$$x_n \to a \text{ in } X$$

と書く．

(3) $x_n \in X$ $(n = 1, 2, \cdots)$ がコーシー列であるとは，
$$m, n \to \infty \implies \|x_m - x_n\| \to 0$$
となるときをいう．

例 10.3 関数列 $f_n \in C([a, b])$ が $f \in C([a, b])$ に一様収束することと $f_n \to f$ in $C([a, b])$ は同値である． ◇

命題 10.1 ノルム空間において，収束列はコーシー列である．

証明 ノルム空間 X 内の点列 $\{x_n\}$ が，ある $x \in X$ に収束するならば，$n, m \to \infty$ のとき，
$$\|x_n - x_m\| \leq \|(x_n - x) - (x_m - x)\| \leq \|x_n - x\| + \|x_m - x\| \to 0$$
より $\{x_n\}$ はコーシー列． ∎

━━━━━━━━━━━━━━━━━━━━━━━━━━━━ バナッハ空間

定義 10.3 ノルム空間において，コーシー列が収束するとき，すなわち，
$$\|x_m - x_n\| \to 0 \ (n, m \to \infty) \implies \exists x_\infty \in X : x_n \to x_\infty \in X$$
となるとき，X は完備であるという．完備なノルム空間をバナッハ空間という．

例 10.4 有理数全体の集合 $\mathbb{Q}$ は係数を $\mathbb{Q}$ に制限するとベクトル空間となり ($x, y \in \mathbb{Q} \implies {}^\forall \alpha, {}^\forall \beta \in \mathbb{Q}, \alpha x + \beta y \in \mathbb{Q}$)，ノルム $\|x\| := |x|$ に関してノルム空間となるが，完備ではない．実際，数列 $x_1 = 1, x_2 = 1.4, x_3 = 1.41, x_4 = 1.414, x_5 = 1.4142, \cdots$ は $\sqrt{2}$ に収束することよりコーシー列だが，$\sqrt{2} \notin \mathbb{Q}$． ◇

例 10.5 $C([a, b])$ はバナッハ空間である．

$f_n(x) \in C([a, b])$ をコーシー列とすると，定理 9.2，定理 9.3 によって，ある $f_\infty(x) \in C([a, b])$ に一様収束する．よって $C([a, b])$ は $\|\cdot\|_\infty$ について完備である． ◇

開集合，閉集合

定義 10.4 $(X, \|\cdot\|)$ をノルム空間とする．$\varepsilon > 0$ に対して，$x_0 \in X$ の ε-近傍とは
$$B_\varepsilon(x_0) = \{x \in X | \ \|x - x_0\| < \varepsilon\} \tag{10.12}$$
のことをいう．このとき，

(1) $A \subset X$ が開集合であるとは，任意の $x \in A$ に対して，十分小さく $\varepsilon > 0$ を選べば，$B_\varepsilon(x) \subset A$ とできることである．

(2) $A \subset X$ の補集合 $A^c = X \setminus A$ が開集合であるとき，A は閉集合であるという．

命題 10.2 $(X, \|\cdot\|)$ をノルム空間とする．$A \subset X$ が閉集合であるための必要十分条件は，A 内の点列 $\{x_n\}$ が $x \in X$ に収束するならば，$x \in A$，すなわち，
$$x_n \in A \ (n = 1, 2, \cdots), \ x \in X, \ x_n \to x \text{ in } X \ (n \to \infty) \Longrightarrow x \in A \tag{10.13}$$

証明 $\mathbf{A} : A \subset X$ は閉集合
    $\mathbf{B}_1 : x_n \in A \ (n = 1, 2, \cdots), \ x \in X, \ x_n \to x \text{ in } X \ (n \to \infty)$
    $\mathbf{B}_2 : x \in A$

に対して，$\mathbf{A} \Longleftrightarrow (\mathbf{B}_1 \Longrightarrow \mathbf{B}_2)$ を示す．

(i) $\mathbf{A} \Longrightarrow (\mathbf{B}_1 \Longrightarrow \mathbf{B}_2)$ を示すために，$\mathbf{A} \wedge \mathbf{B}_1 \Longrightarrow \mathbf{B}_2$ を背理法で示す[*2]．よって $\mathbf{A} \wedge \mathbf{B}_1 \wedge \overline{\mathbf{B}_2}$ を仮定する．すなわち $x \notin A$ とすると $x \in A^c$．A^c は開集合なので，$B_{\varepsilon_0}(x) \subset A^c$ となる $\varepsilon_0 > 0$ がとれる．$\mathbf{B}_1$ より，
$$\exists n_0 \in \mathbb{N}; n \geq n_0 \Longrightarrow x_n \in B_{\varepsilon_0}(x)$$
ここで $x_n \in A$ であるから，このことより $A \cap B_{\varepsilon_0}(x) \neq \emptyset$ となる．これは $B_{\varepsilon_0}(x) \subset A^c$ に矛盾する．

(ii) $(\mathbf{B}_1 \Longrightarrow \mathbf{B}_2) \Longrightarrow \mathbf{A}$ の対偶を示す．すなわち
    $\overline{\mathbf{A}} : A$ は閉集合ではない
    $\overline{\mathbf{B}_1 \Longrightarrow \mathbf{B}_2} : \exists x_n \in A, \exists x \in A^c, \ x_n \to x \ (n \to \infty)$[*3]

[*2] $\mathbf{A} \Longrightarrow (\mathbf{B}_1 \Longrightarrow \mathbf{B}_2) = \overline{\mathbf{A}} \vee (\overline{\mathbf{B}_1} \vee \mathbf{B}_2) = (\overline{\mathbf{A}} \vee \overline{\mathbf{B}_1}) \vee \mathbf{B}_2 = \overline{\mathbf{A} \wedge \mathbf{B}_1} \vee \mathbf{B}_2 = \mathbf{A} \wedge \mathbf{B}_1 \Longrightarrow \mathbf{B}_2$.

[*3] $\overline{\mathbf{B}_1 \Longrightarrow \mathbf{B}_2} = \overline{\overline{\mathbf{B}_1} \vee \mathbf{B}_2} = \mathbf{B}_1 \wedge \overline{\mathbf{B}_2}$.

に対して, $\overline{\mathbf{A}} \Longrightarrow \overline{\mathbf{B_1}} \Longrightarrow \overline{\mathbf{B_2}}$ を示す. A が閉集合でないならば, A^c は開集合ではないので,
$$\exists x \in A^c : {}^\forall \varepsilon > 0, \ B_\varepsilon(x) \not\subset A^c$$
ここで $B_\varepsilon(x) \not\subset A^c$ は $B_\varepsilon(x) \cap A \neq \emptyset$ ということなので, $\varepsilon = \dfrac{1}{n}$ に対して, $x_n \in B_{\frac{1}{n}}(x) \cap A$ となる x_n が存在する. よって $\|x_n - x\| < \dfrac{1}{n}$ であるから, $\|x_n - x\| \to 0 \ (n \to \infty)$. すなわち $x \notin A$ に対して, x に収束する $x_n \in A$ が存在する. ■

例 10.6 $A \subset C([a,b])$ を次のように与える. $m > 0$, $t_0 \in [a,b]$, $s_0 \in \mathbb{R}$ に対して,
$$A = \{f(t) \in C([a,b]) | \ \|f\|_\infty \leq m \land f(t_0) = s_0\} \quad (10.14)$$
とする. このとき, A は閉集合. すなわち,
$$f_n \in A, \ f \in C([a,b]), \ f_n \to f \text{ in } C([a,b]) \Longrightarrow f \in A$$
すなわち,
$$\|f_n\|_\infty \leq m, \ f_n(t_0) = s_0, \ f \in C([a,b])$$
$$\|f_n - f\|_\infty \to 0$$
$$\Longrightarrow \|f\|_\infty \leq m, \ f(t_0) = s_0$$
が成り立つ. 実際, $\lim_{n \to \infty} f_n(t_0) = f(t_0)$ であり,
$$|f(t)| \leq |f(t) - f_n(t)| + |f_n(t)| \leq \|f - f_n\|_\infty + m$$
より $\|f\|_\infty \leq m$. なお
$$\begin{aligned} A_1 &= \{f(t) \in C([a,b]) | \ f(t_0) = s_0\} \\ A_2 &= \{f(t) \in C([a,b]) | \ \|f\|_\infty \leq m\} \end{aligned} \quad (10.15)$$
も閉集合であることがわかる. ◇

10.3 縮小写像とバナッハの不動点定理

定義 10.5 $(X, \|\cdot\|)$ をノルム空間, $A \subset X$ を部分集合とする. このとき作用素 $T : A \to X$ が縮小写像であるとは,

10.3 縮小写像とバナッハの不動点定理

$$\exists k \in (0, 1); \\ \forall y, \forall \tilde{y} \in A, \ \|T(y) - T(\tilde{y})\| \leq k\|y - \tilde{y}\| \tag{10.16}$$

であることをいう．

例 10.7
$$A = \{f(t) \in C([0, b]) \mid f(0) = 1\} \tag{10.17}$$
に対して，$T : A \to C([0, b])$ を (10.8) で定めると，

$$\|T(y) - T(\tilde{y})\|_\infty = \left\|\int_0^x (y(t) - \tilde{y}(t))\,dt\right\|_\infty$$
$$\leq \int_0^b \max_{0 \leq t \leq b} |y(t) - \tilde{y}(t)|\,dt$$
$$= b\|y - \tilde{y}\|_\infty$$

ここで $b < 1$ のとき，T は縮小写像となる．◇

補題 10.1 $(X, \|\cdot\|)$ をノルム空間，$A \subset X$ を部分集合とし，作用素 $T : A \to A$ は縮小写像であるとする．このとき，任意の $y_0 \in A$ に対して，$\{y_n\}_{n=1,2,\cdots}$ を

$$y_n := T(y_{n-1}), \quad n = 1, 2, \cdots \tag{10.18}$$

で定める．このとき，
(1) $\{y_n\}_{n=1,2,\cdots}$ はコーシー列．
(2) $\{y_n\}_{n=1,2,\cdots}$ が，ある $y \in A$ に収束するならば，$y = T(y)$ が成り立つ．

証明 (1) (10.16) が成り立つとすると，
$$\|y_{n+1} - y_n\| = \|T(y_n) - T(y_{n-1})\| \leq k\|y_n - y_{n-1}\|$$
この操作をさらに繰り返していくと，
$$\|y_{n+1} - y_n\| \leq k^n \|y_1 - y_0\| \tag{10.19}$$
$m > n$ に対して，
$$\|y_m - y_n\| = \|y_m - y_{m-1} + y_{m-1} - y_{m-2} + \cdots + y_{n+1} - y_n\|$$
$$\leq \|y_m - y_{m-1}\| + \|y_{m-1} - y_{m-2}\| + \cdots + \|y_{n+1} - y_n\|$$
右辺の各項に (10.19) を用いると，
$$\|y_m - y_n\| = (k^{m-1} + \cdots + k^n)\|y_1 - y_0\|$$
$$\leq \frac{k^n}{1-k}\|y_1 - y_0\|$$
よって，$0 < k < 1$ であるから，$m, n \to \infty$ のとき，$\|y_m - y_n\| \to 0$ となる．

(2) $\|y - y_n\| \to 0$, $y_{n+1} = T(y_n)$ および T が縮小写像であることより,
$$\|T(y) - y\| \leq \|T(y) - T(y_n) + T(y_n) - y_{n+1} + y_{n+1} - y\|$$
$$\leq \|T(y) - T(y_n)\| + \|y_{n+1} - y\|$$
$$\leq k\|y - y_n\| + \|y_{n+1} - y\| \to 0 \qquad ■$$

例 10.8 $0 < b < 1$ とするとき, (10.17) と (10.8) で定められる $T: A \to C([0, b])$ に対して,
$$y_n(x) := T(y_{n-1})(x), \qquad y_0(x) = 1$$
とすると, (10.6) より, $y_n(x)$ は $y(x) = e^x \in A$ に収束する. よって $e^x = T(e^x)(x)$ が成り立つ[*4]. ◇

定理 10.1 (バナッハの不動点定理 (縮小写像の原理)) $(X, \|\cdot\|)$ をバナッハ空間, $A \subset X$ を閉集合とし, 作用素 $T: A \to A$ は縮小写像であるとする. このとき, $y = T(y)$ をみたす $y \in A$ がただ 1 つ存在する.

証明 (不動点の存在) 任意の $y_0 \in A$ に対して, $\{y_n\}_{n=1,2,\cdots}$ を (10.18) で定める. 補題 10.1 (1) より, $\{y_n\}_{n=1,2,\cdots}$ はコーシー列であり, X は完備であるから, $\|y_\infty - y_n\| \to 0$ となる $y_\infty \in X$ が存在する. ここで A は閉集合なので, 命題 10.2 より $y_\infty \in A$ である. 補題 10.1 (2) より, $y_\infty = T(y_\infty)$ が成り立つ.
(不動点の一意性) 一般に y_∞ は y_0 に依存する. 以下
$$y, y' \in A: y = T(y) \land y' = T(y') \implies y = y'$$
を示す.
$$\|y - y'\| = \|T(y) - T(y')\| \leq k\|y - y'\|$$
より, $(1-k)\|y - y'\| \leq 0$ であり, $1 - k > 0$, $\|y - y'\| \geq 0$ より, $\|y - y'\| = 0$. ■

例 10.9 (1) $0 < b < 1$ とするとき, (10.17) と (10.8) で定められる $T: A \to A$ に対して, $y = T(y)$ をみたす $y \in A$ がただ 1 つ存在する. なぜなら $C([0,b])$ はバナッハ空間, (10.15) より $A \subset C([0,b])$ は閉集合, 例 10.7 より $T: A \to A$ は縮小写像である.
(2) (1) で $[0, b]$ で T の不動点を構成したが, $[b, 2b]$ でも不動点を構成で

[*4] 直接計算 $T(e^x)(x) = 1 + \int_0^x e^t dt = e^x$ のほうが簡単ではあるが.

きる．すなわち，(1) で構成した T の不動点 y に対して，

$$A_1 = \{f(t) \in C([b, 2b]) \mid f(b) = y(b)\}$$
$$T_1(f)(x) = y(b) + \int_b^x f(t)dt \tag{10.20}$$

とすると，$T_1 : A_1 \to A_1$ に対して，$y_1 = T_1(y_1)$ をみたす $y_1 \in A_1$ がただ 1 つ存在する．

(3)
$$\tilde{A} = \{f(t) \in C([0, 2b]) \mid f(0) = 1\}$$
$$\tilde{T}(f)(x) = 1 + \int_0^x f(t)dt, \quad x \in [0, 2b] \tag{10.21}$$

とすると，$\tilde{T} : \tilde{A} \to \tilde{A}$ に対して，$\tilde{y} = \tilde{T}(\tilde{y})$ をみたす $\tilde{y} \in \tilde{A}$ がただ 1 つ存在する．実際，(1),(2) で構成した y, y_1 に対して，

$$\tilde{y}(x) = \begin{cases} y(x), & x \in [0, b] \\ y_1(x), & x \in (b, 2b] \end{cases}$$

は $x = b$ で連続であるから，$\tilde{y}(x) \in C([0, 2b])$ であり，$x \in [0, b]$ に対して，

$$\tilde{T}(\tilde{y})(x) = 1 + \int_0^x y(t)dt = T(y)(x) = y(x)$$

であり，$x \in (b, 2b]$ に対して，

$$\tilde{T}(\tilde{y})(x) = 1 + \int_0^b \tilde{y}(t)dt + \int_b^x \tilde{y}(t)dt$$
$$= T(y)(b) + \int_b^x y_1(t)dt$$
$$= T_1(y_1)(x) = y_1(x)$$

すなわち，$x \in [0, 2b]$ に対して，$\tilde{T}(\tilde{y})(x) = \tilde{y}(x)$．

このように $x \in [0, nb]$ $(n = 3, 4, \cdots)$ に対して T の不動点を構成していけるので，$x \in [0, \infty)$ に対して $T(y)(x) = y(x)$ をみたす $y \in C([0, \infty))$ がただ 1 つ存在する．◇

縮小写像は唯一の不動点をもつことから，もとの微分方程式も唯一の解をもつことを証明できる．

10.4 常微分方程式の解の定義

以下，$x, y \in \mathbb{R}$, $\delta, \varepsilon > 0$ に対して，
$$I_\delta(x) = [x-\delta, x+\delta] \subset \mathbb{R}$$
$$I_\delta(x) \times I_\varepsilon(y) = [x-\delta, x+\delta] \times [y-\varepsilon, y+\varepsilon] \subset \mathbb{R}^2 \quad (10.22)$$
とする．

定義 10.6 $x_0, y_0 \in \mathbb{R}$, $\delta_0, \varepsilon_0 > 0$ に対して，関数 $f(x, y)$ は $I_{\delta_0}(x_0) \times I_{\varepsilon_0}(y_0)$ で連続とする．$0 < \delta < \delta_0$ である δ に対して，$I_\delta(x_0)$ 上の関数 $y(x)$ が
$$\begin{cases} y'(x) = f(x, y(x)) \\ y(x_0) = y_0 \end{cases} \quad (10.23)$$
の解であるとは，
(1) $y \in C^1((x_0 - \delta, x_0 + \delta))$
(2) $\forall x \in I_\delta(x_0)$ に対して，$(x, y(x))$ は $f(x, y)$ の定義域内にある．すなわち，
$$\forall x \in I_\delta(x_0), \quad y(x) \in I_{\varepsilon_0}(y_0)$$
(3) $\qquad \forall x \in (x_0 - \delta, x_0 + \delta), \quad y'(x) = f(x, y(x))$
$$y(x_0) = y_0$$
が成り立つときをいう．

例 10.10 $a > 0$ に対して，
$$y' + y + ay^2 = 0 \quad (10.24)$$
$$y(0) = y_0 \quad (10.25)$$
を考える．この方程式は非線形ではあるが，変数分離形で，
$$\frac{1}{-ay\left(y + \dfrac{1}{a}\right)} dy = dx$$

$$\left(-\frac{1}{y} + \frac{1}{y + \dfrac{1}{a}}\right) dy = dx$$

となり，一般解は

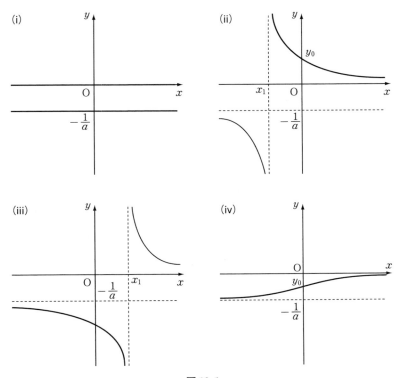

図 10.1

$$y = \frac{1}{a(Ce^x - 1)}$$

となる．$y(0) = y_0$ を代入すると

$$y = \frac{1}{\left(a + \dfrac{1}{y_0}\right)e^x - a} \tag{10.26}$$

が得られる．

(i)　$y_0 = 0$ または $y_0 = -\dfrac{1}{a}$ のとき．

　$y_0 = 0$ のとき，(10.26) を考えることができない．$y_0 = -\dfrac{1}{a}$ のとき，(10.26)

は一定値関数 $y(x) = -\dfrac{1}{a}$ となる．(10.24) において，$y(x) = 0$ または $y(x) = -\dfrac{1}{a}$ のとき，$y'(x) = 0$ となる．よって一定値関数 $y(x) = y_0$ は $\mathbb{R}$ において (10.24) 〜 (10.25) の解となる．
(ii) $y_0 > 0$ のとき．

(10.26) は分母が 0 になる点がある．それを x_1 とすると
$$x_1 = \log \dfrac{1}{1 + \dfrac{1}{ay_0}}$$
(10.26) は $(-\infty, x_1) \cup (x_1, \infty)$ で C^1 級．(10.26) は x_1 以外で (10.24) をみたす．$x_1 < 0$ であるから，(10.26) は (x_1, ∞) において (10.24) 〜 (10.25) の解である[*5]．
(iii) $y_0 < -\dfrac{1}{a}$ のとき．

(10.26) はやはり x_1 で分母が 0 となる．$x_1 > 0$ である．よって (10.26) は $(-\infty, x_1)$ において (10.24) 〜 (10.25) の解である．
(iv) $-\dfrac{1}{a} < y_0 < 0$ のとき．

(10.26) の分母は 0 にならず，(10.26) は $\mathbb{R}$ において (10.24) 〜 (10.25) の解である．

なお，$a = 0$ のとき，(10.24) 〜 (10.25) は $y' + y = 0$，$y(0) = y_0$ となり，解は $y = y_0 e^{-x}$ となるが，これは (10.26) で $a = 0$ を代入したものになっている．$y = y_0 e^{-x}$ のグラフは $y_0 > 0$，$y_0 = 0$，$y_0 < 0$ の場合でそれぞれ描くことができる．$a \to 0$ としたとき，(i) 〜 (iv) のグラフはどのようになっていくだろうか．$a \to 0$ のとき，$-\dfrac{1}{a} \to -\infty$ となるので，初期値 y_0 は (i) $y_0 = 0$ か，(ii) か，(iv) の場合になる．(ii) の場合，$a \to 0$ のとき，$x_1 \to -\infty$ となる．(iv) の場合，$a \to 0$ のとき，$-\dfrac{1}{a} \to -\infty$ としたグラフを考えることとなる[*6]． ◇

[*5] 「初期値問題」というものは初期値 $(x_0, y(x_0))$ から出発して，微分方程式をみたしながら $(x, y(x))$ の運動を追跡するものである．

10.5 常微分方程式の解の存在と一意性

(10.23) の解の存在一意性は，次に述べる $f(x, y)$ の連続性に関する仮定によって与えられる．

━━━━━━━━━━━━━━━━━━━━━━━━━━━━━━━━━一様リプシッツ連続

定義 10.7 $f(x, y)$ は $[a, b] \times [c, d]$ 上の関数とする．
(1) $f(x, y)$ が $[a, b] \times [c, d]$ 上で y に関してリプシッツ連続であるとは，
$$\begin{aligned}&{}^\forall x \in [a, b], \ \exists C_x > 0 ; \\ &{}^\forall y_1, {}^\forall y_2 \in [c, d], \\ &|f(x, y_1) - f(x, y_2)| \leq C_x |y_1 - y_2|\end{aligned} \tag{10.27}$$
が成り立つことをいう．
(2) $f(x, y)$ が $[a, b] \times [c, d]$ 上で y に関して一様リプシッツ連続であるとは，(10.27) の C_x が x によらずにとれることをいう．すなわち，
$$\begin{aligned}&\exists C > 0 ; {}^\forall x \in [a, b], \ {}^\forall y_1, {}^\forall y_2 \in [c, d], \\ &|f(x, y_1) - f(x, y_2)| \leq C |y_1 - y_2|\end{aligned} \tag{10.28}$$
が成り立つことをいう．

例 10.11 $f(x, y)$ は $[a, b] \times (c, d)$ で連続であり，y に関して偏微分可能であり，$[c', d'] \subset (c, d)$ に対して，$f_y(x, y)$ が $[a, b] \times [c', d']$ で連続であるならば，$f(x, y)$ は $[a, b] \times [c', d']$ で y に関して一様リプシッツ連続である．

実際 $y_1, y_2 \in [c', d']$ は $y_1 < y_2$ とするとき，平均値の定理より，
$$\exists y_0 \in (y_1, y_2) ; f(x, y_2) - f(x, y_1) = (y_2 - y_1) f_y(x, y_0)$$
ここで $f_y(x, y)$ は $[a, b] \times [c', d']$ で連続なので，$|f_y(x, y)| \leq C$ となる $C > 0$ が存在する． ◇

[*6] 微分方程式がパラメータに依存するとき，パラメータをある極限に近づけるときの解の漸近挙動を考察することがある．たとえば，有界領域内の粘性流体の粘性を 0 に近づけるとき，解は非粘性流体の解に近づくかという問題が考察される．

解の存在と一意性

定理 10.2 $x_0, y_0 \in \mathbb{R}$, $\delta_0, \varepsilon_0 > 0$ とする. $I_{\delta_0}(x_0) \times I_{\varepsilon_0}(y_0)$ 上の連続関数 $f(x,y)$ は $I_{\delta_0}(x_0) \times I_{\varepsilon_0}(y_0)$ 上で y に関して一様リプシッツ連続であるとする. このとき, ある δ $(0 < \delta < \delta_0)$ が存在して, $I_\delta(x_0)$ 上の関数 $y(x)$ で (10.23) の解となるものがただ 1 つ存在する.

定理 10.2 は縮小写像の原理によって与えられるが, 次の 2 つの定理を証明することになる.

定理 10.3 $x_0, y_0 \in \mathbb{R}$, $\delta, \varepsilon > 0$ に対して,
$$A_{\delta,\varepsilon}(x_0, y_0) := \{y(x) \in C(I_\delta(x_0)) \mid {}^\forall x \in I_\delta(x_0),$$
$$y(x) \in I_\varepsilon(y_0) \wedge y(x_0) = y_0\} \quad (10.29)$$
とする.
$${}^\forall y(x) \in C(I_\delta(x_0)), \quad \|y\| := \sup_{x \in I_\delta(x_0)} |y(x)| \quad (10.30)$$
とおく. このとき $A_{\delta,\varepsilon}(x_0, y_0)$ は $\|\cdot\|$ に関して $C(I_\delta(x_0))$ の閉部分集合である.

証明 $f_n \in A_{\delta,\varepsilon}(x_0, y_0)$, $f \in C(I_\delta(x_0))$ に対して,
$$\|f_n - f\| \to 0 \ (n \to \infty) \implies f \in A_{\delta,\varepsilon}(x_0, y_0)$$
を示せばよい. これは, $\sup_{x \in I_\delta(x_0)} |f_n(x) - f(x)| \to 0$ であるとき, $f_n(x_0) = y_0$ ならば $f(x_0) = y_0$ となり, $|f_n(x) - y_0| \le \varepsilon$ ならば $|f(x) - y_0| \le \varepsilon$ となることによる. ■

定理 10.4 $x_0, y_0 \in \mathbb{R}$, $\delta_0, \varepsilon_0 > 0$ とする. $I_{\delta_0}(x_0) \times I_{\varepsilon_0}(y_0)$ 上の連続関数 $f(x,y)$ は $I_{\delta_0}(x_0) \times I_{\varepsilon_0}(y_0)$ 上で y に関して一様リプシッツ連続であるとする. δ $(0 < \delta < \delta_0)$ に対して, $y(x) \in A_{\delta,\varepsilon_0}(x_0, y_0)$ とし,
$$T(y)(x) := y_0 + \int_{x_0}^x f(t, y(t)) dt \quad (10.31)$$
とする. このとき, T が $A_{\delta_1,\varepsilon_0}(x_0, y_0)$ から $A_{\delta_1,\varepsilon_0}(x_0, y_0)$ への縮小写像になるような δ_1 $(0 < \delta_1 < \delta_0)$ が存在する. よって, このとき T の不動点が唯一存在する.

10.5 常微分方程式の解の存在と一意性

証明 $M_{\delta_0,\varepsilon_0} := \sup_{x \in I_{\delta_0}(x_0) \times I_{\varepsilon_0}(y_0)} |f(x, y(x))|$ とすると,

$$^\forall t \in I_\delta(x_0), \quad ^\forall y \in A_{\delta,\varepsilon_0}(x_0, y_0), \quad |f(t, y(t))| \leq M_{\delta_0,\varepsilon_0}$$

である. よって, $^\forall x \in I_\delta(x_0)$ に対して,

$$|T(y)(x) - y_0| = \left|\int_{x_0}^x f(t, y(t))\, dt\right|$$
$$\leq \left|\int_{x_0}^x |f(t, y(t))|\, dt\right|$$
$$\leq M_{\delta_0,\varepsilon_0}|x - x_0| \leq M_{\delta_0,\varepsilon_0}\delta$$

よって $M_{\delta_0,\varepsilon_0}\delta_1 \leq \varepsilon_0$ となる $\delta_1 > 0$ に対して, $|T(y)(x) - y_0| \leq \varepsilon_0$ かつ $T(y)(x_0) = y_0$ より, $T(y) \in A_{\delta_1,\varepsilon_0}(x_0, y_0)$ となる. すなわち $T: A_{\delta_1,\varepsilon_0}(x_0, y_0) \to A_{\delta_1,\varepsilon_0}(x_0, y_0)$ である.

$f(x, y)$ が $I_{\delta_0}(x_0) \times I_{\varepsilon_0}(y_0)$ 上で y に関して一様リプシッツ連続であるので,

$$^\forall x \in I_{\delta_1}(x_0), \quad ^\forall y_1, ^\forall y_2 \in A_{\delta_1,\varepsilon_0}(x_0, y_0),$$
$$|T(y_1)(x) - T(y_2)(x)| \leq \left|\int_{x_0}^x (f(t, y_1(t)) - f(t, y_2(t)))\, dt\right|$$
$$\leq \left|\int_{x_0}^x C|y_1(t) - y_2(t)|\, dt\right|$$
$$\leq C\|y_1 - y_2\||x - x_0|$$
$$\leq C\delta_1\|y_1 - y_2\|$$

よって

$$\|T(y_1) - T(y_2)\| = \sup_{x \in I_\delta(x_0)} |(T(y_1) - T(y_2))(x)|$$
$$\leq C\delta_1\|y_1 - y_2\|$$

よって $0 < \delta_1 < \min\left\{\dfrac{\varepsilon_0}{M_{\delta_0,\varepsilon_0}}, \dfrac{1}{C}\right\}$ となる δ_1 に対して, $T: A_{\delta_1,\varepsilon_0}(x_0, y_0) \to A_{\delta_1,\varepsilon_0}(x_0, y_0)$ は縮小写像. ∎

連立微分方程式系

$\boldsymbol{y}(x) = (y_1(x), \cdots, y_n(x))$ および連続関数 $\boldsymbol{f}(x, \boldsymbol{y}) = (f_1(x, \boldsymbol{y}), \cdots, f_n(x, \boldsymbol{y}))$ に対して, 連立微分方程式系

$$y' = f(x, y)$$

すなわち

$$y_j'(x) = f_j(x, y_1(x), \cdots, y_n(x)) \qquad (j = 1, \cdots, n)$$

の解の存在一意性も同様に，$f(x, y)$ が y に関して一様リプシッツ連続，すなわち

$$\|f(x, y) - f(x, \bar{y})\| \leq C \|y - \bar{y}\|$$

であるとき，示される．

またこのことによって，特性曲線の方程式 (8.49) についても，a, b, c がリプシッツ連続となるとき，解の存在一意性が同様に示される．

n 階変数係数微分方程式

(9.50) において $z(x) = y'(x)$ とおくと，(9.50) より $z' = -p(x)z - q(x)y$ となることより，(9.50) は

$$\begin{cases} \begin{pmatrix} y' \\ z' \end{pmatrix} = \begin{pmatrix} 0 & 1 \\ -q(x) & -p(x) \end{pmatrix} \begin{pmatrix} y \\ z \end{pmatrix} \\ (y(0), z(0)) = (\alpha, \beta) \end{cases} \qquad (10.32)$$

と同値になる．よって $p(x), q(x) \in C([-r, r])$ ($^\exists r > 0$) のとき，(10.32) の第1式の右辺は一様リプシッツ連続となり，解の存在一意性が示される．よって $p(x), q(x)$ が (9.51) をみたすとき，初期条件と (9.52) で定められる a_n に対して，(9.46) は (9.50) の解となる．

同様に

$$y^{(n)}(x) = p_1(x)y(x) + p_2(x)y'(x) + \cdots + p_n(x)y^{(n-1)}(x) \qquad (10.33)$$

の解の存在一意性も，

$$y_1(x) := y(x), \qquad y_2(x) := y'(x), \qquad \cdots, \qquad y_n(x) := y^{(n-1)}(x)$$

として，

$$\begin{pmatrix} y_1 \\ y_2 \\ \vdots \\ y_{n-1} \\ y_n \end{pmatrix}' = \begin{pmatrix} 0 & 1 & 0 & \cdots & \cdots & \cdots & 0 \\ 0 & 0 & 1 & 0 & \cdots & \cdots & 0 \\ \vdots & \vdots & \vdots & \vdots & \vdots & \vdots & \vdots \\ 0 & 0 & 0 & \cdots & \cdots & 0 & 1 \\ p_1 & p_2 & \cdots & \cdots & \cdots & p_{n-1} & p_n \end{pmatrix} \begin{pmatrix} y_1 \\ y_2 \\ \vdots \\ y_{n-1} \\ y_n \end{pmatrix}$$

(10.34)

とすることによって与えられる.

V
フーリエ解析による解法

第11章　拡散方程式
第12章　フーリエ級数
第13章　$\mathbb{R}$ での熱方程式

第11章

拡散方程式

 フーリエ級数展開を適用して熱伝導の方程式の解法を学ぶ．フーリエ級数は次章で詳しく学ぶこととし，ここでは熱伝導を概観し，有限区間における熱方程式の初期値問題の解を求める．

11.1 熱伝導

 針金をライターなどで熱すると，図 11.1 のように熱は針金に沿って左右に伝導していく．任意の場所 x，時刻 t における温度 $u(x, t)$ を求めたい．

 熱は一般に，針金外部の空間中に発散するが，ここでは，熱は針金の内部のみを移動するものとする．

 時刻 t_0 において点 x_0 周辺で，図 11.2 のような温度分布（白抜きの曲線で示す）になっているとき，x_0 で温度は下がりはじめるだろうと予想される．温度の変化は熱の移動によってもたらされる．x_0 では，その近傍で最も熱く，温度は極大になっていて，t_0 以降，熱は左右に流出するので，温度は下がるであろう．逆に，温度が極小になっている点では，熱が流入してくるので，温度は上昇す

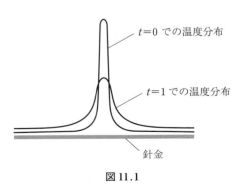

図 11.1

る.

図 11.3 で, x_0 では温度は上昇するであろうか, 下降するであろうか. x_0 の右側から, 熱は流入してくるが, 左側に流出する. x_0 での熱量が増加すれば, 温度は上昇し, 熱量が減少すれば, 温度は下がる.

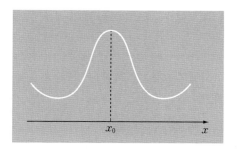

図 11.2

フーリエの法則

熱の移動量は, 温度の勾配に比例する.

図 11.4 において x_1, x_2 ともに, その左右でグラフの傾きは等しい. x_1 の右からの熱の流入量と左への熱の流出量は等しく, x_1 で温度は変化しない. 温度は変化しないが, 熱の移動がないわけではない. x_2 においても, 温度変化はないが, x_1 よりも x_2 でのほうが, 熱の移動量は大きい. 図 11.3 の x_0 では, 右から

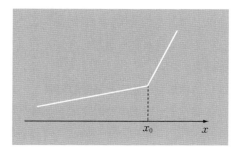

図 11.3

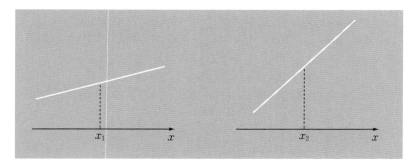

図 11.4

の流入量が，左への流出量より大きいので，温度は上がる．

熱方程式の導出

針金の太さ，材質は均一であることとし，熱伝導率は，場所，温度によって変化しないものとする．

1　フーリエの法則

単位時間当りに単位面積を流れる熱流（熱流束密度という）$q(x, t)$ は温度勾配 $u_x(x, t)$ に比例する．

$$q = -\tau u_x \quad (\tau \text{ は熱伝導率}) \tag{11.1}$$

2　エネルギー保存則

単位体積当りのエネルギー（エネルギー密度という）$p(x, t)$ の減少率 $-p_t$ は熱流束密度の勾配に等しい．

$$-p_t = q_x \tag{11.2}$$

エネルギーは熱量を表す．(11.2) は交通流モデルにおける (8.60) と同様に導かれる．

3　エネルギー密度と温度の関係

エネルギー密度の時間変化率と温度の時間変化率は比例する．

$$p_t = c u_t \quad (c \text{ は単位体積当りの熱容量}) \tag{11.3}$$

熱容量はその物体の温度を 1℃ 上昇させるのに必要な熱量であり，単位量当りの物質の熱容量である比熱 r と物質の密度 ρ に対して $c = r\rho$ である．

よって，熱方程式（熱伝導方程式）は

$$u_t = \alpha^2 u_{xx} \quad \left(\alpha^2 = \frac{\tau}{r\rho} \text{ は針金の熱拡散率}\right) \tag{11.4}$$

で与えられる．

(11.4) で

$$u_t > 0 \Longleftrightarrow u_{xx} > 0$$

であるから，任意の (x_0, t_0) で，

$u_{xx}(x_0, t_0) > 0$（グラフが下に凸）$\Longleftrightarrow u_t(x_0, t_0) > 0$（温度が上昇）

$u_{xx}(x_0, t_0) < 0$（グラフが上に凸）$\Longleftrightarrow u_t(x_0, t_0) < 0$（温度が下降）

Aは下に凸で，周辺に熱を与え，温度は下がる．Bは変曲点で，温度は変化しない．なお，あらゆるxで，温度変化がなくなることを，「定常状態に達する」といい，$t = t_0$で定常状態に達することは${}^\forall t \geq t_0$，$u_t(x, t) = 0$と表される．

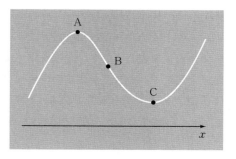

図 11.5

11.2　連続の方程式と高次元での熱方程式

ここでは高次元の熱方程式を導出するために連続の方程式を考える．以下では$\boldsymbol{x} = (x_1, x_2, x_3) \in \mathbb{R}^3$とする．

━━━━━━━━━━━━━━━━━━━━━━━━━━━━━━━━━━━ 発　　散

ベクトル値関数 $\boldsymbol{f}(\boldsymbol{x}) = (f_1(\boldsymbol{x}), f_2(\boldsymbol{x}), f_3(\boldsymbol{x}))$ に対して，

$$\operatorname{div} \boldsymbol{f}(\boldsymbol{x}) = \frac{\partial}{\partial x_1} f_1(\boldsymbol{x}) + \frac{\partial}{\partial x_2} f_2(\boldsymbol{x}) + \frac{\partial}{\partial x_3} f_3(\boldsymbol{x}) \qquad (11.5)$$

はダイバージェンス (divergence) または発散，あるいは湧き出しとよばれる．

例 11.1　ベクトル値関数 $\boldsymbol{f}(\boldsymbol{x}) = (f_1(\boldsymbol{x}), f_2(\boldsymbol{x}), f_3(\boldsymbol{x}))$ と関数 $g(\boldsymbol{x})$ に対して $g\boldsymbol{f} = (gf_1, gf_2, gf_3)$ の発散は，

$$\begin{aligned}
\operatorname{div}(g\boldsymbol{f}) &= \frac{\partial}{\partial x_1} gf_1 + \frac{\partial}{\partial x_2} gf_2 + \frac{\partial}{\partial x_3} gf_3 \\
&= \left(g\frac{\partial f_1}{\partial x_1} + \frac{\partial g}{\partial x_1} f_1 \right) + \left(g\frac{\partial f_2}{\partial x_2} + \frac{\partial g}{\partial x_2} f_2 \right) + \left(g\frac{\partial f_3}{\partial x_3} + \frac{\partial g}{\partial x_3} f_3 \right) \\
&= g\left(\frac{\partial f_1}{\partial x_1} + \frac{\partial f_2}{\partial x_2} + \frac{\partial f_3}{\partial x_3} \right) + \left(\frac{\partial g}{\partial x_1} f_1 + \frac{\partial g}{\partial x_2} f_2 + \frac{\partial g}{\partial x_3} f_3 \right)
\end{aligned}$$

よって

$$\operatorname{div}(g\boldsymbol{f}) = g \operatorname{div} \boldsymbol{f} + \operatorname{grad} g \cdot \boldsymbol{f} \qquad (11.6) \diamond$$

連続の方程式

$\boldsymbol{v}(\boldsymbol{x}) = (v_1(\boldsymbol{x}), v_2(\boldsymbol{x}), v_3(\boldsymbol{x}))$ に対して，div $\boldsymbol{v}$ は「湧き出し」というように，ある物理量を表している．自然科学では，「現象の本質を理解，記述するために数式を用いる．つまり，現象の理解が主目的であり，数式はそのための道具である．」とするのが一般的である．しかしここではそのことを認識した上で，数式 div $\boldsymbol{v}$ の意味するところの現象は何か，ということを考えてみたい．

$$\begin{aligned}
\operatorname{div} \boldsymbol{v}(\boldsymbol{x}) &= \left(\frac{\partial v_1}{\partial x_1} + \frac{\partial v_2}{\partial x_2} + \frac{\partial v_3}{\partial x_3}\right)(\boldsymbol{x}) \\
&= \lim_{\Delta x_1 \to 0} \frac{v_1(\boldsymbol{x} + (\Delta x_1, 0, 0)) - v_1(\boldsymbol{x})}{\Delta x_1} \\
&\quad + \lim_{\Delta x_2 \to 0} \frac{v_2(\boldsymbol{x} + (0, \Delta x_2, 0)) - v_2(\boldsymbol{x})}{\Delta x_2} \\
&\quad + \lim_{\Delta x_3 \to 0} \frac{v_3(\boldsymbol{x} + (0, 0, \Delta x_3)) - v_3(\boldsymbol{x})}{\Delta x_3} \\
&= \lim_{\Delta \boldsymbol{x} \to 0} \frac{I_1 + I_2 + I_3}{\Delta x_1 \Delta x_2 \Delta x_3}
\end{aligned} \tag{11.7}$$

ここで

$$\Delta \boldsymbol{x} = (\Delta x_1, \Delta x_2, \Delta x_3)$$
$$I_1 = \{v_1(\boldsymbol{x} + (\Delta x_1, 0, 0)) - v_1(\boldsymbol{x})\}\Delta x_2 \Delta x_3$$
$$I_2 = \{v_2(\boldsymbol{x} + (0, \Delta x_2, 0)) - v_2(\boldsymbol{x})\}\Delta x_1 \Delta x_3$$
$$I_3 = \{v_3(\boldsymbol{x} + (0, 0, \Delta x_3)) - v_3(\boldsymbol{x})\}\Delta x_2 \Delta x_1$$

である．$\dfrac{I_1 + I_2 + I_3}{\Delta x_1 \Delta x_2 \Delta x_3}$ が何を意味するか考える．

(1) 密度が一定な流体

水のような密度が一定な流体を考える．流れは時間によらず一定とする．$\boldsymbol{v}(\boldsymbol{x})$ は点 $\boldsymbol{x}$ での流速ベクトルとする．点 $\boldsymbol{x}$ と点 $\boldsymbol{x} + \Delta \boldsymbol{x}$ を頂点とする直方体 $[x_1, x_1 + \Delta x_1] \times [x_2, x_2 + \Delta x_2] \times [x_3, x_3 + \Delta x_3]$ を流体は通過している．流速は $(v_1(\boldsymbol{x}), v_2(\boldsymbol{x}), v_3(\boldsymbol{x}))$ と成分表示されており，各 $v_i(\boldsymbol{x})$ $(i = 1, 2, 3)$ は $\boldsymbol{x}$ での流体の単位時間当りの x_i 方向の移動距離を表す．$\Delta x_1 \Delta x_2 \Delta x_3$ は直方体の体積を表す．($\Delta x_1, \Delta x_2, \Delta x_3 > 0$ とする．)

x_1 軸に垂直な直方体の 2 つの面のうち，x を含む面を面 A，$x + (\Delta x_1, 0, 0)$ を含む面を面 A′ と呼ぶことにする．$\Delta x_2 \Delta x_3$ は面 A, A′ の面積を表す．$\Delta x_2 \Delta x_3$ は微小なので，$v_1(x)$ は面 A 上で一定としてよく，$v_1(x + (\Delta x_1, 0, 0))$ は面 A′ 上で一定としてよい．よって I_1 は単位時間当りに面 A′ を通過する流体量から面 A を通過する流体量を引いたものになる．

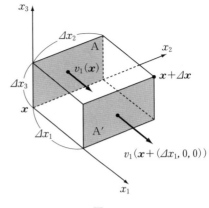

図 **11.6**

I_2, I_3 についても同様に考えられる．

よって $I_1 + I_2 + I_3$ は点 $x + \Delta x$ を含む 3 つの面から直方体外部へ流出する流体量から点 x を含む 3 つの面から直方体内部に流入してくる流体量を引いたものとなる．

$\dfrac{I_1 + I_2 + I_3}{\Delta x_1 \Delta x_2 \Delta x_3}$ は単位時間当り，単位体積当りの流体量の流出量と流入量の差を表し，水のように密度が一定の流体では，流出量と流入量は等しいので，任意の x で $\mathrm{div}\, v(x) = 0$ となる．

(2) 密度が一定ではない流体

気流のように，流体の密度が時間と点で変化するときも同様に考える．

流速 $v(x, t)$，密度 $\rho(x, t)$ に対して，
$$w(x, t) := (\rho v)(x, t) \tag{11.8}$$
を流束という．w は流量を表すので，$\mathrm{div}\, w$ を (11.7) と同様に考えることができる．ただし密度が一定ではないので，微小直方体での流出量と流入量は一般的に異なり，$\mathrm{div}\, w$ は 0 とは限らない．

一方，ρ は単位体積当りの流体質量を表す．($\rho(x, t) \Delta x_1 \Delta x_2 \Delta x_3$ は時刻 t での直方体内部の流体質量を表す．）よって $\dfrac{\partial \rho}{\partial t}$ は単位時間当り，単位体積当りの流体質量の変化を表す．$\left(\dfrac{\partial \rho}{\partial t} > 0\right.$ は流体質量の増加を意味する．$\left.\right)$ よって，

$$\frac{\partial \rho}{\partial t} = -\mathrm{div}\,\boldsymbol{w}$$

が成り立つ. (11.8), (11.6) より,

$$\frac{\partial \rho}{\partial t} = -(\mathrm{grad}\,\rho \cdot \boldsymbol{v} + \rho\,\mathrm{div}\,\boldsymbol{v}) \tag{11.9}$$

が成り立つ. これを連続の方程式という. $\left(\text{密度が一定のときは}\frac{\partial \rho}{\partial t} = 0,\ \mathrm{grad}\,\rho = 0\ \text{となるので (11.9) は}\ \mathrm{div}\,\boldsymbol{v} = 0\ \text{となる.}\right)$

連続の方程式

流体のある物理量の密度 $p(\boldsymbol{x}, t)$ の時間減少率 $-p_t$ と流束密度 $\boldsymbol{q}(\boldsymbol{x}, t)$ の発散 $\mathrm{div}\,\boldsymbol{q}$ が等しいことを表す保存則 $\dfrac{\partial p}{\partial t} = -\mathrm{div}\,\boldsymbol{q}$ を連続の方程式という. このような保存則は熱力学におけるエネルギー保存則, 電磁気学における電荷保存則など諸分野で現れる.

(8.60) は 1 次元の連続の方程式である.

2 次元平面, 3 次元空間での熱伝導

針金の代わりに, 鉄板で熱伝導を考えたり, 金属塊での熱伝導を考えたりすることは当然ある. つまり, 2 次元平面, 3 次元空間での熱伝導である.

フーリエの法則

$$\boldsymbol{q} = -\tau\,\mathrm{grad}\,u$$

エネルギー保存則(連続の方程式)

$$p_t = -\mathrm{div}\,\boldsymbol{q}$$

および (11.3) によって, 熱方程式はラプラシアン

$$\Delta u = \mathrm{div}\,\mathrm{grad}\,u = \begin{cases} u_{xx} + u_{yy} & \text{(2 次元)} \\ u_{xx} + u_{yy} + u_{zz} & \text{(3 次元)} \end{cases}$$

に対して,

$$u_t = a^2 \Delta u \tag{11.10}$$

11.2 連続の方程式と高次元での熱方程式　179

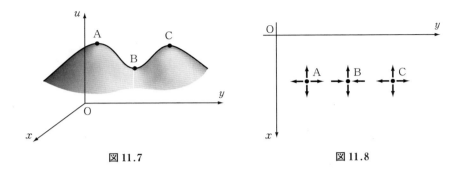

図 11.7　　　　　　　　　　　　　　図 11.8

で与えられる．

　鉄板が $\mathbb{R}^2$ 全体であるとき，初期温度が図 11.7 のようなとき，点 A, B, C での温度変化を考える．A, B, C の x 座標は等しいとする．点 A, C は温度が極大であるので，熱は周辺に流出するのみで，流入することはないので，温度は下がるであろう．実際，点 A, C では，x, y 方向で上に凸で $u_{xx} < 0$, $u_{yy} < 0$ より，$\Delta u < 0$ なので $u_t < 0$ となる．点 B ではどうか．点 B は峠になっていて，x 方向の断面は上に凸で，$u_{xx} < 0$, y 方向の断面は下に凸で，$u_{yy} > 0$. つまり，x 方向に熱は流出し，y 方向から熱は流入してくる．図 11.7 を u 軸の上から見下ろして，熱の流入，流出を考える．

　「温度が上がるか，下がるか」は，$\Delta u = u_{xx} + u_{yy}$ が正か負か，で決まる．すなわち，点 B で，x 方向の熱の流出量と y 方向からの熱の流入量を比較することとなる．太ったラクダと痩せたラクダのような曲面を想像してみよう．太ったラクダにまたがると両足が広がってしまう．図 11.9 は痩せたラクダ，図 11.10 は太ったラクダの鞍の部分をイメージしている．

　図 11.9 では，x 方向はカーブがきつく，y 方向はカーブがゆる

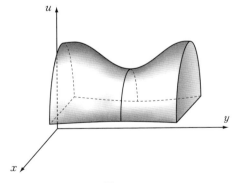

図 11.9

やかである．よって x 方向の熱流出は大きく，y 方向からの熱流入は小さい．

図 11.10 では，x 方向のカーブはゆるやかで，y 方向はカーブがきつい．よって x 方向の熱流出は小さく，y 方向からの熱流入は大きい．

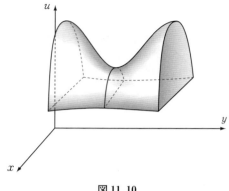

図 11.10

移流拡散方程式

熱伝導に関連して，拡散現象について考える．水中にインクを数滴落としたとき，インクは水中に拡散していく．こうした拡散現象はフーリエの法則と同様な，以下の法則に従う．

> **フィックの第 1 法則**
> 単位時間当りに単位面積を通過するインクの量は，濃度の勾配に比例する．

よって水が静止しているものとするとき，インク濃度 $\rho(\boldsymbol{x}, t) = \rho(x_1, x_2, x_3, t)$ のみたす方程式は (11.10) と同様

$$\rho_t = \alpha^2 \Delta \rho \quad (\alpha^2 \text{ は拡散係数})$$

によって与えられる．水が運動しているときは，左辺をラグランジュ微分にすることによって，

$$\rho_t + \frac{d\boldsymbol{x}}{dt} \cdot \mathrm{grad}\, \rho = \alpha^2 \Delta \rho \tag{11.11}$$

によって与えられる．(11.11) を移流拡散方程式という．ここで $\frac{d\boldsymbol{x}}{dt}$ は水の流速を表す．$\frac{d\boldsymbol{x}}{dt} \cdot \mathrm{grad}\, \rho = \sum_{i=1}^{3} \frac{dx_i}{dt} \frac{\partial \rho}{\partial x_i}$ である．

流速を $\boldsymbol{u} = (u_1(\boldsymbol{x}, t), u_2(\boldsymbol{x}, t), u_3(\boldsymbol{x}, t))$ とすると，$\boldsymbol{u} = \dfrac{d\boldsymbol{x}}{dt}$ であり，流速自身も移流拡散方程式をみたすとすれば，
$$\boldsymbol{u}_t + \boldsymbol{u} \cdot \operatorname{grad} \boldsymbol{u} = \nu \Delta \boldsymbol{u} \tag{11.12}$$
となる．$\nu > 0$ は水の粘性を表す定数である．(11.12) はバーガース方程式とよばれる．(11.12) は，$i = 1, 2, 3$ に対して，
$$(u_i)_t + \sum_{j=1}^{3} u_j \frac{\partial}{\partial x_j} u_i = \nu \Delta u_i \tag{11.13}$$
という連立微分方程式だが，これらを単に (11.12) と表している．ただし (11.12) は水の流れを記述するには不十分であり，圧力 $p(\boldsymbol{x}, t)$ の勾配の影響を取り入れた非圧縮ナヴィエ・ストークス方程式
$$\begin{cases} \boldsymbol{u}_t - \nu \Delta \boldsymbol{u} + \boldsymbol{u} \cdot \operatorname{grad} \boldsymbol{u} + \operatorname{grad} p = 0 \\ \operatorname{div} \boldsymbol{u} = 0 \end{cases}$$
が一般的である[*1]．

11.3 境界条件

1 次元の熱伝導にもどる．$t = 0$ での温度分布
$$u(x, 0) = \phi(x) \qquad (\phi(x) \text{ は既知関数})$$
を課す．これを初期条件という．初期時刻での温度分布 $\phi(x)$ が与えられているとき，時間とともに温度分布 $u(x, t)$ が熱方程式に従って，どのように変化していくかを調べたい．しかし，$u(x, t)$ は $\phi(x)$ だけで定まらない．針金の両端がどのような条件下に置かれているか，調べる必要がある．

$\phi(x)$ が図 11.11 のような 1 次関数であるとき，熱はあらゆる点

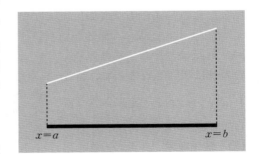

図 11.11

[*1] ナヴィエ・ストークス方程式の数学的取扱いは [19] が詳しい．

で左へ流れはじめる．$x = b$ で，熱が左へ失われる分，右から人工的に熱を供給してやると，$x = b$ で温度を一定に保つことができ，同様に $x = a$ で $x = b$ と同量の熱量を吸収すると，$x = a$ でも温度を一定に保つことができる．すなわち

$$^\forall t \geq 0, \quad u(a, t) = \phi(a), \quad u(b, t) = \phi(b) \qquad (11.14)$$

とすると，あらゆる点 x で，熱の移動はあるが熱量の増減はない．(11.14) のように，境界で解の値を指定することをディリクレ境界条件という．1次関数 $\phi(x)$ に対して，$u(x, t) = \phi(x)$ は (11.4) と (11.14) をみたす．すなわち，両端での温度をずっと一定に保ってやると，温度分布は1次関数のまま定常状態を保つ．

しかし，両端で，熱の出入りがないようにすると，温度分布は変化しはじめる．このように，両端での条件が定まっていないと温度分布を決めることはできない．両端での条件を境界条件という．

例11.2　(1)　**断熱条件**　断熱材によって針金の両端での熱の出入りを遮断する．このとき，針金側面が断熱されていれば，総熱量は保存される．熱の流入，流出のない点の近傍で，温度は変化しないということより，境界条件は

$$u_x(a, t) = 0, \quad u_x(b, t) = 0 \qquad (11.15)$$

で与えられる．(11.15) のように，境界で解の x 方向の微係数を指定することをノイマン境界条件という．

図 11.12 では $u_x(a, t) = 0$ を保ったまま，$u(a, t)$ は増加し，$u_x(b, t) = 0$ を保ったまま，$u(b, t)$ は減少する．このとき，総熱量は保存されるので，積分 $\int_a^b u(x, t) dx$ を一定に保ちながら，温度分布は変化する．

(2)　**放熱条件**　針金の両端を水中などに入れて，一定の割合で放熱する．

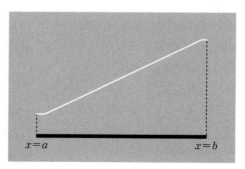

図 11.12

$$u_x(a, t) = {}^\exists p, \quad u_x(b, t) = -p$$
両端を水槽に入れて，熱を吸収させる．水槽は十分大きく，水槽内の水の温度変化は無視できるものとする．
(図 11.13.)

(3) 無限長の針金 熱伝導を数直線上すべてで考え，方程式を $-\infty < x < \infty$ で扱う．この場合は $\lim_{x \to -\infty} u(x, t)$ と $\lim_{x \to \infty} u(x, t)$ を指定する．　◇

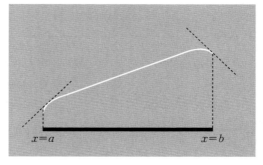

図 11.13

━━━━━━━━━━━━━━━━━━━━ 両立条件

初期条件と境界条件は両立条件をみたしていなければならない．たとえば，

初期条件　　$u(x, 0) = \phi(x)$

境界条件　　$u(a, t) = \alpha, \quad u(b, t) = \beta$

のとき，$\phi(x)$ は

$$\phi(a) = \alpha, \quad \phi(b) = \beta$$

をみたしていなければならない．

11.4 変数分離法

次の方程式の解を求めたい．
$$\begin{cases} u_t(x, t) = \alpha^2 u_{xx}(x, t) & \text{in } (0, 1) \times (0, \infty) \\ u(0, t) = 0, \quad u(1, t) = 0 \\ u(x, 0) = \phi(x) \end{cases} \quad (11.16)$$

$\phi(x)$ が与えられているとき，$u(x, t)$ を $\phi(x)$ で表したい．ただし，$\phi(0) = \phi(1) = 0$ である．

形状を保つ解

> 解 $u(x,t)$ をまず
> $$u(x,t) = v(x)w(t)$$
> という形である,と仮定する.

仮定するのは勝手だが,失敗するかもしれない.たとえば $\log(x+t)$ は $v(x)w(t)$ という形をしていない.解を $v(x)w(t)$ とおく,というのは実はとても強い仮定で,解が「形状を保ったまま変化する」ことを仮定することを意味している.たとえば,$v(x) = \phi(x)$ とおき,$w(t)$ を $w(t) = \dfrac{1}{1+t}$ とすると,$v(x)w(t) = \dfrac{\phi(x)}{1+t}$ は $t=0$ のとき,$v(x)w(0) = \phi(x)$ から出発して,時間とともに,形状を保ったまま,0 に近づいていく.「形状を保つ」というのは,あらゆる時刻 t において,$v(x)w(t)$ のグラフが $v(x)w(0)$ の定数倍になっていることである.

しかし,初期温度 $\phi(x)$ が,図 11.14 のような場合,ある点では温度が上昇し,別の点で下がるので,解を $v(x)w(t)$ と表すことができない.解を $v(x)w(t)$ と書くとき,$v(x)$ がすべての x で同符号であるとき,一点で増加すれば,すべての点で増加し,一点で減少するときは,すべての点で減少する.初期温度 $\phi(x)$

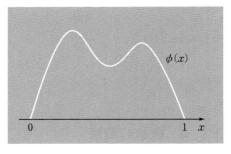

図 11.14

が図 11.15 のような形のときは時間とともに図 11.16 のように変化していく可能性がある.

さて,とりあえず $u(x,t) = v(x)w(t)$ とおいてみるわけだが,方程式がとても簡単になる.以下のように偏微分方程式が,常微分方程式になる.
$$u_t = v(x)w'(t), \quad u_{xx} = v''(x)w(t)$$
を方程式に代入すると

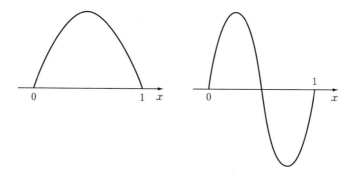

図 11.15

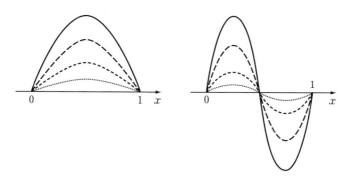

図 11.16

$$v(x)w'(t) = \alpha^2 v''(x)w(t)$$

よって

$$\frac{w'(t)}{\alpha^2 w(t)} = \frac{v''(x)}{v(x)}$$

左辺は t だけの関数, 右辺は x だけの関数. x は針金上の位置を表し, t は時刻を表す. x と t は独立だが, この式がすべての x, すべての t で成り立たなければならない. 右辺にある x_0 を代入して, $\frac{v''(x_0)}{v(x_0)} = {}^\exists k$ とすると, 左辺に任意の t を代入しても $\frac{w'(t)}{\alpha^2 w(t)}$ は常に k にならなければならない. 同様に $\frac{v''(x)}{v(x)}$ も常に一定でなければならない. 以上のことから, $w'(t)$ と $\alpha^2 w(t)$ の比と

$v''(x)$ と $v(x)$ の比は常に一定で,それらが等しくなるように,熱が伝わっていくような解を発見する.

$$\frac{w'(t)}{\alpha^2 w(t)} = \frac{v''(x)}{v(x)} = k \tag{11.17}$$

とおくことにより,(11.16) の第 1 式と第 2 式は

$$\begin{cases} w'(t) = \alpha^2 k w(t) \\ w(0) = 1 \end{cases} \tag{11.18}$$

$$\begin{cases} v''(x) = k v(x) \\ v(0) = 0, \quad v(1) = 0 \end{cases} \tag{11.19}$$

となる.ここで k は任意で,何でもよいが,同一の k に対してこの 2 本の方程式系は成り立たなければならない.この 2 本の式は常微分方程式で,単独に解くことができるが,同一の k に対して解を求めるということになる.$w(0) = 1$ としたので,$u(x, 0) = v(x)w(0) = v(x) = \phi(x)$ となる[*2].

熱方程式 $u_t = \alpha^2 u_{xx}$ は,変数 x, t の偏微分が 1 本の方程式に出てくる偏微分方程式だが,$u(x, t) = v(x)w(t)$ とおくことにより,x の常微分方程式と t の常微分方程式にわけることができた.これを変数分離法とよぶ.

以下では簡単のため,

$$\alpha^2 = 1 \tag{11.20}$$

とする.(11.18) より,

$$w(t) = e^{kt}$$

となるが,$k > 0$ であるならば,$e^{kt} \to \infty$ $(t \to \infty)$ となり,これは,$u(x, t) = v(x)w(t)$ において,$v(x) > 0$ となる x で $u(x, t) \to \infty$ となり,物理的現象に反する.数学だけを考えれば,$k > 0$ でもよいが,熱伝導に適合する解を構成するには $k \leq 0$ としなければならない.よって,

$$k = -\lambda^2$$

[*2] 初期温度 $\phi(x)$ がある k について (11.19) をみたすとき,$u(x, t)$ は形状を保ったまま変化する.

と書くことにする. (11.17) より,
$$\frac{w'(t)}{w(t)} = \frac{v''(x)}{v(x)} = -\lambda^2 \tag{11.21}$$
に対して
$$w(t) = e^{-\lambda^2 t} \tag{11.22}$$
を得た. 次に (11.19) の $v''(x) = -\lambda^2 v(x)$ を解いて,
$$v(x) = A\sin\lambda x + B\cos\lambda x \quad (A, B は任意定数) \tag{11.23}$$
を得る. よって,
$$u(x, t) = (A\sin\lambda x + B\cos\lambda x)e^{-\lambda^2 t} \tag{11.24}$$

境界条件を考える

(11.16) の境界条件 $u(0, t) = 0$ より, (11.24) で $x = 0$ を代入すると, $B = 0$ となり, 境界条件 $u(1, t) = 0$ より $A\sin\lambda = 0$ となる. ここで, $A = 0$ だと, $u(x, t) = 0$ となってしまう. これは初期温度 $\phi(x) = 0$ の場合のみ. よって $A \neq 0$ とすると, $\sin\lambda = 0$ となる. つまり (11.21) で λ に条件がつき,
$$\lambda = \pm n\pi, \quad n = 1, 2, 3, \cdots$$
となる. sin は奇関数で, A は任意なので, $\lambda > 0$ としてよい. よって
$$u_n(x, t) = \sin n\pi x \cdot e^{-(n\pi)^2 t} \tag{11.25}$$
このように無限個の解が見つかったが, まだ, 初期条件を考慮していない.

ところで, $u_n(x, t)$ はどのような関数だろうか. 図 11.17 のように, $\sin n\pi x$ は山と谷が合計 n 個で, $e^{-(n\pi)^2 t}$ は n が大きくなるほど, 急激に 0 に近づくようになっていく. $\sin n\pi x$ は n が大きくなるほど, 高周波で, 曲率が大きく, n が大きいほど $|(u_n)_{xx}|$ は大きくなり, $|(u_n)_t|$ が大きくなる. これは n が大きいほど, 熱の移動が激しくなることを表している.

針金上に高温部と低温部が交互に分布しているとき, 時間とともに温度は針金全体で 0 に近づいていくが, 高温部と低温部の間隔が細かいほど 0 に近づくスピードが速くなる. たとえば 10 cm の針金に 100 ℃ と −100 ℃ が交互に 1 cm 間隔に分布しているときより, 1 mm 間隔に分布しているときのほうが, より急激に温度は 0 ℃ に近づく.

第11章 拡散方程式

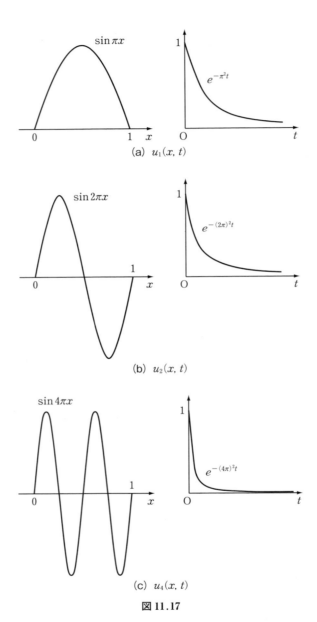

(a) $u_1(x, t)$

(b) $u_2(x, t)$

(c) $u_4(x, t)$

図 11.17

11.5 初期条件

次に初期条件を考えよう．$u_n(x, 0) = \sin n\pi x$ なので，$\phi(x) = \sin n\pi x$ でないとき解は $u(x, t) = v(x)w(t)$ の形で書けない．どうすればよいか．熱方程式は線形方程式になっている．つまり，解が2つあって $\tilde{u}(x, t), \hat{u}(x, t)$ と名前をつけると，線形和 $a\tilde{u} + b\hat{u}$ も解になる．

$$\begin{array}{c} \tilde{u}_t = \alpha^2 \tilde{u}_{xx} \\ \hat{u}_t = \alpha^2 \hat{u}_{xx} \end{array} \implies (a\tilde{u} + b\hat{u})_t = \alpha^2 (a\tilde{u} + b\hat{u})_{xx}$$

また，境界条件も，

$$\begin{array}{c} \tilde{u}(0, t) = \tilde{u}(1, t) = 0 \\ \hat{u}(0, t) = \hat{u}(1, t) = 0 \end{array} \implies (a\tilde{u} + b\hat{u})(0, t) = (a\tilde{u} + b\hat{u})(1, t) = 0$$

> $\tilde{u}(x, t) = \tilde{v}(x)\tilde{w}(t),\ \hat{u}(x, t) = \hat{v}(x)\hat{w}(t)$ となっているとき，一般に $(a\tilde{u} + b\hat{u})(x, t) = v(x)w(t)$ とは書けない．つまり解の形状を保つ解の線形和は解の形状を保たない．

そこで，$u_1, u_2, u_3, \cdots$ の線形結合を考えてみる．

$$u(x, t) = A_1 u_1 + A_2 u_2 + \cdots$$

とおく．この u は方程式と境界条件をみたす．次に初期条件を考える．

$$u(x, 0) = \sum_{n=1}^{\infty} A_n \sin n\pi x = \phi(x) \tag{11.26}$$

ここで，任意に与えられた関数 $\phi(x)$ は $\phi(x) = \sum_{n=1}^{\infty} A_n \sin n\pi x$ と書くことができるだろうか．このことは次章で学ぶフーリエ級数展開によって与えられる．以下ではフーリエ級数を学ぶ前に，フーリエ級数の基本的な発想と熱方程式への応用について考える．

━━━━━━━━━━━━━━━━━━━━━ **フーリエ級数の基本的な考え方**

m 次元ベクトル空間 V に内積 $\langle\ ,\ \rangle$ が入っているとき，正規直交基底 $(e_1, e_2, \cdots, e_m)$ に対して，

$$\langle e_i, e_j \rangle = \begin{cases} 1, & i = j \\ 0, & i \neq j \end{cases}$$

が成り立つ．$a \in V$ が

$$a = a_1 e_1 + a_2 e_2 + \cdots + a_m e_m$$

と書かれるとき，

$$a_i = \langle a, e_i \rangle$$

で与えられる．今，関数 f と g の内積を

$$\langle f, g \rangle = \int_0^1 f(x) g(x) dx$$

とする．このとき

$$\langle f, g \rangle = 0 \iff f \perp g \quad (f \text{ と } g \text{ は直交する})$$

と考えることとなる．$v_n(x) = \sin n\pi x$ とすると

$$\langle v_n, v_m \rangle = \int_0^1 \sin n\pi x \sin m\pi x \, dx$$
$$= \begin{cases} \dfrac{1}{2}, & m = n \\ 0, & m \neq n \end{cases}$$

関数族 $\{v_n\}_{n=1,2,\cdots}$ は直交系になっている．(11.26) の両辺と v_n との内積をとると，

$$\langle \phi, v_n \rangle = \langle A_1 v_1 + A_2 v_2 + \cdots, v_n \rangle = A_n \cdot \frac{1}{2}$$

よって，

$$A_n = 2 \int_0^1 \phi(x) \sin n\pi x \, dx \tag{11.27}$$

ここで，$\phi(0) = \phi(1)$ をみたす $\phi(x)$ に対して，

$$\phi(x) = \sum_{n=1}^{\infty} A_n v_n(x), \quad v_n(x) = \sin n\pi x$$
$$A_n = 2 \int_0^1 \phi(x) \sin n\pi x \, dx \tag{11.28}$$

は $\phi(x)$ のフーリエ級数展開とよばれる．初期温度 $\phi(x)$ がこのようにフーリ

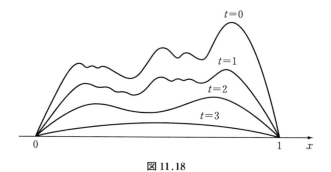

図 11.18

エ級数展開できるとき，この A_n に対して，

$$u(x, t) = \sum_{n=1}^{\infty} A_n v_n(x) w_n(t), \quad v_n(x) = \sin n\pi x, \quad w_n(t) = e^{-(n\pi\alpha)^2 t} \tag{11.29}$$

は，項別微分定理によって，

$$\begin{aligned} u_t(x, t) - u_{xx}(x, t) &= \left(\sum_{n=1}^{\infty} A_n v_n(x) w_n(t)\right)_t - \left(\sum_{n=1}^{\infty} A_n v_n(x) w_n(t)\right)_{xx} \\ &= \sum_{n=1}^{\infty} A_n \{(v_n(x) w_n(t))_t - (v_n(x) w_n(t))_{xx}\} \\ &= 0 \end{aligned} \tag{11.30}$$

となることより，(11.16) の解となる．図 11.17 のように (11.29) の $u_n(x, t) = v_n(x) w_n(t)$ は n が大きくなるほど，急激に 0 に近づくようになっていくので，高周波の項ほどその影響がより速く小さくなり，より細かい凸凹から消えていき，段々なだらかになりながら，0 に近づいていく．(図 11.18.)

11.6　非斉次熱方程式とさまざまな境界条件

ここではより多様な熱伝導の問題を考察する．

非斉次熱方程式

使い捨てカイロのように熱源をもつ熱伝導体に対する熱方程式

$$\begin{cases} u_t(x,t) - \alpha^2 u_{xx}(x,t) = f(x,t) & \text{in } (0,1) \times (0,\infty) \\ u(0,t) = 0, \quad u(1,t) = 0 \\ u(x,0) = \phi(x) \end{cases} \quad (11.31)$$

を考える．なお，$\phi(0) = \phi(1) = 0$ の他に

$$f(0,t) = f(1,t) = 0 \quad (11.32)$$

を仮定する．定数変化法を用いる．すなわち，斉次方程式 (11.16) の解 (11.29) に対して，

$$U(x,t) = \sum_{n=1}^{\infty} v_n(x) W_n(t), \quad v_n(x) = \sin n\pi x \quad (11.33)$$

が (11.31) の解となるように $W_n(t)$ を定める．ここで連続関数 $f(x,t)$ は任意の $t \in (0,\infty)$ に対して，

$$f(x,t) = \sum_{n=1}^{\infty} f_n(t) v_n(x) \quad (11.34)$$

とフーリエ級数展開できるものとする．(11.32) を仮定したのはそのためである．(11.33), (11.28) を (11.31) に代入すると，

$$\begin{cases} v_n(x) W_n'(t) - \alpha^2 v_n''(x) W_n(t) = f_n(t) v_n(x) \\ W_n(0) = A_n \end{cases}$$

をみたせばよいことがわかる．$\lambda_n := n\pi$ とする．$v_n''(x) = -\lambda_n^2 v_n(x)$ であるから，$W_n(t)$ は

$$\begin{cases} W_n'(t) + \alpha^2 \lambda_n^2 W_n(t) = f_n(t) \\ W_n(0) = A_n \end{cases}$$

をみたせばよい．すなわち，

$$W_n(t) = A_n w_n(t) + \int_0^t w_n(t-s) f_n(s) ds$$

$$= A_n e^{-\alpha^2 \lambda_n^2 t} + \int_0^t e^{-\alpha^2 \lambda_n^2 (t-s)} f_n(s) ds$$

11.6 非斉次熱方程式とさまざまな境界条件

非同次ディリクレ境界条件

以下では両端で異なる温度を課すディリクレ条件

$$\begin{cases} u_t(x,t) = \alpha^2 u_{xx}(x,t) & \text{in } (0,1) \times (0,\infty) \\ u(0,t) = a, \quad u(1,t) = b \\ u(x,0) = \phi(x) \end{cases} \quad (11.35)$$

を考える．ただし，$\phi(0) = a, \phi(1) = b$ である．

$g(x) := a + (b-a)x$ は x について 1 次関数で，t について一定であり，$g_t = \alpha^2 g_{xx}$ をみたす．よって $U(x,t) := u(x,t) - g(x)$ は

$$\begin{cases} U_t(x,t) = \alpha^2 U_{xx}(x,t) & \text{in } (0,1) \times (0,\infty) \\ U(0,t) = 0, \quad U(1,t) = 0 \\ U(x,0) = \phi(x) - g(x) \end{cases} \quad (11.36)$$

をみたす．$U(x,t)$ を求めることによって $u(x,t)$ は与えられる．$U(x,t)$ のグラフが図 11.18 のようであるとき，$u(x,t)$ のグラフは図 11.18 のグラフに $g(x)$ のグラフを加えたものであり，$\lim_{t \to \infty} U(x,t) = 0$ であるから，$\lim_{t \to \infty} u(x,t) = g(x)$.

第 3 種境界条件

次に，より複雑な境界条件を伴う

$$\begin{cases} u_t(x,t) = \alpha^2 u_{xx}(x,t) & \text{in } (0,1) \times (0,\infty) \\ a_0 u_x(0,t) + b_0 u(0,t) = 0 \\ a_1 u_x(1,t) + b_1 u(1,t) = 0 \\ u(x,0) = \phi(x) \end{cases} \quad (11.37)$$

を考える．このように u_x と u の線形和で与えられる境界条件を第 3 種境界条件またはロバン条件という．つまりロバン条件はディリクレ条件とノイマン条件を含んでいる．両立条件は

$$a_0 \phi'(0) + b_0 \phi(0) = 0, \quad a_1 \phi'(1) + b_1 \phi(1) = 0$$

である．この場合，(11.23) の $v(x)$ のみたすべき条件は

$$a_0 v'(0) + b_0 v(0) = 0, \quad a_1 v'(1) + b_1 v(1) = 0 \quad (11.38)$$

ここで，$v'(x) = \lambda(-B \sin \lambda x + A \cos \lambda x)$ より，

$$v(0) = B, \quad v(1) = A\sin\lambda + B\cos\lambda$$
$$v'(0) = A\lambda, \quad v'(1) = \lambda(-B\sin\lambda + A\cos\lambda)$$

であるから，(11.38) は

$$\begin{aligned} a_0 A\lambda + b_0 B &= 0 \\ a_1\lambda(-B\sin\lambda + A\cos\lambda) + b_1(A\sin\lambda + B\cos\lambda) &= 0 \end{aligned} \quad (11.39)$$

(i) $b_0 \neq 0$ のとき．(11.39) は

$$\frac{(-a_1 b_0 + a_0 b_1)\lambda}{a_0 a_1 \lambda^2 + b_0 b_1} = \tan\lambda \quad (11.40)$$

(a) $b_1 = 0$ のとき，

$$-\frac{b_0}{a_0 \lambda} = \tan\lambda \quad (11.41)$$

(b) $a_1 = 0$ のとき，

$$\frac{a_0 \lambda}{b_0} = \tan\lambda \quad (11.42)$$

(ii) $b_0 = 0$ のとき．(11.39) において $A = 0$ となり，

$$\frac{b_1}{a_1 \lambda} = \tan\lambda \quad (11.43)$$

(11.41)〜(11.43) の λ は図 11.19 のグラフの交点 λ_n で与えられる．このとき，

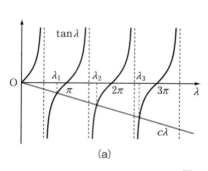 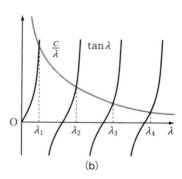

(a) (b)

図 11.19

$$\phi(x) = \sum_{n=1}^{\infty} A_n \cos \lambda_n x + \sum_{n=1}^{\infty} B_n \sin \lambda_n x$$
$$A_n = 2 \langle \phi, \cos \lambda_n x \rangle \qquad (11.44)$$
$$B_n = 2 \langle \phi, \sin \lambda_n x \rangle$$

を固有値 λ_n に対する固有関数展開という．

これまでの解法を組み合わせて
$$\begin{cases} u_t(x,t) = \alpha^2 u_{xx}(x,t) + f(x,t) & \text{in } (0,1) \times (0,\infty) \\ a_0 u_x(0,t) + b_0 u(0,t) = c_0 \\ a_1 u_x(1,t) + b_1 u(1,t) = c_1 \\ u(x,0) = \phi(x) \end{cases} \qquad (11.45)$$

も $f(x,t)$ を固有関数展開することにより，解くことができる．

11.7　1次元バーガース方程式の解

熱方程式
$$f_t = k f_{xx} \qquad (k > 0) \qquad (11.46)$$
の解 $f(x,t)$ に対して，
$$u = -2k \frac{f_x}{f} \qquad (11.47)$$
とすると，$u(x,t)$ は1次元バーガース方程式
$$u_t + u u_x = k u_{xx} \qquad (11.48)$$
をみたす．以下，
$$f u_t = f(-u u_x + k u_{xx}) \qquad (11.49)$$
を示す．(11.49) は (11.48) を与える．

(11.47) より
$$uf = -2k f_x \qquad (11.50)$$
の両辺を t で微分して，(11.46), (11.47) を代入すると，

$$u_t f = -u f_t - 2k f_{xt}$$
$$= 2k^2 \left(\frac{f_x f_{xx}}{f} - f_{xxx} \right) \tag{11.51}$$

となる．(11.50) を x で微分して，(11.47) を代入すると，
$$u_x f = -u f_x - 2k f_{xx}$$
$$= 2k \left(\frac{f_x^2}{f} - f_{xx} \right) \tag{11.52}$$

よって
$$-f u u_x = 4k^2 \frac{f_x}{f} \left(\frac{f_x^2}{f} - f_{xx} \right) \tag{11.53}$$

(11.50) を x で 2 回微分して (11.47)，(11.52) を代入するが，$u_x f_x = u_x f \dfrac{f_x}{f}$ に注意して，

$$u_{xx} f = -2 u_x f \frac{f_x}{f} - u f_{xx} - 2k f_{xxx}$$
$$= 2k \left\{ -\frac{f_x}{f} \left(2 \frac{f_x^2}{f} - 3 f_{xx} \right) - f_{xxx} \right\} \tag{11.54}$$

よって (11.51), (11.53), (11.54) より (11.49) が示される．

(11.48) の初期条件 $u(x,0) = \phi(x)$ に対して，$f(x,0) = \psi(x)$ は (11.47) に $t = 0$ を代入して

$$\psi' = -\frac{1}{2k} \phi \psi$$

をみたすように定められる．

ここでは (11.46) から (11.47) によって，(11.48) を導いたが，元来 (11.48) を解くために，(11.47) によって (11.46) に帰着する．(11.47) をコール・ホップ変換という．非線形方程式が線形方程式に帰着できたということで重要であり，また移流項による衝撃波の発生を拡散項によって回避できることを示すことができたということでも重要である．

第12章

フーリエ級数

以下では
$$\phi(x) = \sum_{n=1}^{\infty} A_n \cos nx + \sum_{n=1}^{\infty} B_n \sin nx$$
において，$\phi(x)$ に対して A_n, B_n はどのように与えられるかを考え，右辺の収束性を考察する．

12.1 フーリエ級数展開

定義 12.1 (1) 数列 $a_n\ (n=0, 1, \cdots)$，$b_n\ (n=1, 2, \cdots)$ に対して，
$$S_m(x) = \frac{1}{2} a_0 + \sum_{n=1}^{m} (a_n \cos nx + b_n \sin nx) \tag{12.1}$$
を三角多項式といい，$m \to \infty$ としたときの極限
$$S(x) = \frac{1}{2} a_0 + \sum_{n=1}^{\infty} (a_n \cos nx + b_n \sin nx) \tag{12.2}$$
をフーリエ級数という．$S_m(x)$ は周期 2π であるから，$S(x)$ は，存在すれば周期 2π となる．

(2) 周期 2π の関数 $f(x)$ に対して，数列 $A_n\ (n=0, 1, \cdots)$，$B_n\ (n=1, 2, \cdots)$ を定め，(ほとんど) すべての x に対し，
$$f(x) = \frac{1}{2} A_0 + \sum_{n=1}^{\infty} (A_n \cos nx + B_n \sin nx) \tag{12.3}$$

が成り立つとき，右辺を $f(x)$ のフーリエ級数展開という．

命題 12.1 $\sum_{n=1}^{\infty}|a_n|<\infty$, $\sum_{n=1}^{\infty}|b_n|<\infty$ のとき，(12.1) は $\mathbb{R}$ で絶対一様収束し，(12.2) の $S(x)$ は $\mathbb{R}$ で連続である．

証明 仮定により (12.1) の優級数
$$\frac{1}{2}|a_0|+\sum_{n=1}^{\infty}(|a_n|+|b_n|)$$
が収束するので，優級数定理により，(12.1) は絶対一様収束し，$\cos nx$, $\sin nx$ は連続であるので，$S(x)$ も連続である．■

周期 2π のリーマン積分可能な関数 $f(x), g(x)$ に対して，
$$\langle f,g\rangle=\int_{-\pi}^{\pi}f(x)g(x)dx \tag{12.4}$$
と表す．

命題 12.2 $S_m(x)$ は (12.1) で定義されるものとする．
(1) $k=0,1,\cdots,m$ に対して，
$$\langle\cos kx,S_m(x)\rangle=a_k\pi \tag{12.5}$$
(2) $k=1,2,\cdots,m$ に対して，
$$\langle\sin kx,S_m(x)\rangle=b_k\pi \tag{12.6}$$

証明
$$\langle\cos kx,1\rangle=\langle\sin kx,1\rangle=0$$
$$\langle\cos kx,\sin nx\rangle=0$$
$$\langle\cos kx,\cos nx\rangle=\langle\sin kx,\sin nx\rangle=\begin{cases}0, & k\neq n\\ \pi, & k=n\end{cases} \tag{12.7}$$

であることと，$f(x)=\cos kx,\sin kx$ に対して，
$$\langle f(x),S_m(x)\rangle=\langle f(x),\frac{1}{2}a_0\rangle+\sum_{n=1}^{m}(a_n\langle f(x),\cos nx\rangle+b_n\langle f(x),\sin nx\rangle)$$
であることによって得られる．■

命題 12.3 (12.1) の $S_m(x)$ が周期 2π の関数 $f(x)$ に一様収束するならば，

$$a_n = \frac{1}{\pi}\langle f(x), \cos nx\rangle \quad (n = 0, 1, \cdots)$$
$$b_n = \frac{1}{\pi}\langle f(x), \sin nx\rangle \quad (n = 1, 2, \cdots) \tag{12.8}$$

が成り立ち，

$$f(x) = \frac{1}{2}a_0 + \sum_{n=1}^{\infty}(a_n \cos nx + b_n \sin nx) \tag{12.9}$$

は $f(x)$ のフーリエ級数展開となる[*1]．

証明 $\cos nx$, $\sin nx$ は連続で，$S_m(x)$ は $f(x)$ に一様収束するので，$f(x)$ は連続となり，積分可能．よって (12.8) の右辺は意味をもつ．(12.9) に対して，

$$\cos kx \cdot f(x) = \frac{1}{2}a_0 \cos kx + \sum_{n=1}^{\infty}(a_n \cos kx \cos nx + b_n \cos kx \sin nx)$$
$$\sin kx \cdot f(x) = \frac{1}{2}a_0 \sin kx + \sum_{n=1}^{\infty}(a_n \sin kx \cos nx + b_n \sin kx \sin nx)$$
$$\tag{12.10}$$

も一様収束．よって，(12.9), (12.10) の項別積分と (12.7) によって，(12.8) が得られる． ∎

定義 12.2 周期 2π の積分可能な $f(x)$ に対して，

$$A_n = \frac{1}{\pi}\int_{-\pi}^{\pi} f(x)\cos nx\, dx \quad (n = 0, 1, \cdots)$$
$$B_n = \frac{1}{\pi}\int_{-\pi}^{\pi} f(x)\sin nx\, dx \quad (n = 1, 2, \cdots) \tag{12.11}$$

を $f(x)$ のフーリエ係数という．(12.11) の A_n, B_n に対して，

$$S_m[f](x) = \frac{1}{2}A_0 + \sum_{n=1}^{m}(A_n \cos nx + B_n \sin nx) \tag{12.12}$$

とする．このとき，

[*1] テーラー展開の場合，$\sum_{n=0}^{\infty} a_n x^n$ が $f(x)$ に収束するならば $a_n = \dfrac{f^{(n)}(0)}{n!}$ となるか，という問題である．(例 9.13.)

$$S[f](x) = \lim_{m \to \infty} S_m[f](x) = \frac{1}{2}A_0 + \sum_{n=1}^{\infty}(A_n \cos nx + B_n \sin nx)$$
(12.13)

を $f(x)$ のフーリエ級数という．

(12.13) を
$$f(x) \sim \frac{1}{2}A_0 + \sum_{n=1}^{\infty}(A_n \cos nx + B_n \sin nx) \quad (12.14)$$
と書く．$S[f](x) = f(x)$ となるとき，$f(x)$ のフーリエ級数は $f(x)$ のフーリエ級数展開になる．$S[f](x) = f(x)$ が確認されていないとき，(12.14) と書く[*2]．

(12.7) により，
$$\frac{1}{\sqrt{2\pi}}, \quad \frac{\cos nx}{\sqrt{\pi}}, \quad \frac{\sin nx}{\sqrt{\pi}} \quad (n = 1, 2, \cdots) \quad (12.15)$$
は正規直交系．この正規直交系を用いると (12.13) は

$$S[f](x) = \langle f, \frac{1}{\sqrt{2\pi}} \rangle \frac{1}{\sqrt{2\pi}}$$
$$+ \sum_{n=1}^{\infty} \left(\langle f, \frac{\cos nx}{\sqrt{\pi}} \rangle \frac{\cos nx}{\sqrt{\pi}} + \langle f, \frac{\sin nx}{\sqrt{\pi}} \rangle \frac{\sin nx}{\sqrt{\pi}} \right)$$
(12.16)

と書ける．

命題 12.3 の逆は成り立つであろうか．すなわち，(12.11) に対して $S_m(x)$ は $f(x)$ に一様収束するだろうか．以下では (12.13) の一様収束性，各点収束性，$S[f](x) = f(x)$ の成立条件について考察する．その前にフーリエ級数の例を見てみよう．

[*2] 無限回微分可能な $f(x)$ に対して $T[f](x) = \sum_{n=0}^{\infty} \frac{f^{(n)}(0)}{n!} x^n$ とするとき，$T[f](x) = f(x)$ ならば $T[f](x)$ は $f(x)$ の $x = 0$ のまわりのテーラー展開．しかし，$f(x) = \frac{1}{1-x}$ に対して $T[f](2) \neq f(2)$．

例 12.1 (1) $f(x)$ が奇関数のとき，
$$A_n = 0, \quad B_n = \frac{2}{\pi}\int_0^\pi f(x)\sin nx\, dx$$
$f(x)$ が偶関数のとき，
$$A_n = \frac{2}{\pi}\int_0^\pi f(x)\cos nx\, dx, \quad B_n = 0$$

(2) 一般に $f(x)$ が $[-\pi, \pi)$ で定義されているとき，$f(x+2k\pi)=f(x)$ $(k\in\mathbb{Z})$ によって $\mathbb{R}$ に拡張すると，$f(x)$ は周期 2π となる．偶関数 $f(x)=\pi-|x|$ $(x\in[-\pi,\pi))$ を周期 2π で拡張する．このとき，

$$\begin{aligned}
A_n &= \frac{2}{\pi}\int_0^\pi (\pi-|x|)\cos nx\, dx \quad (n\geq 1) \\
&= \frac{2}{\pi}\left\{\left[(\pi-x)\frac{\sin nx}{n}\right]_0^\pi + \int_0^\pi \frac{\sin nx}{n} dx\right\} \\
&= \frac{2}{\pi}\left[-\frac{\cos nx}{n^2}\right]_0^\pi \\
&= \frac{2}{n^2\pi}(1-\cos n\pi) \\
&= \begin{cases} 0, & n=2m \\ \dfrac{4}{(2m+1)^2\pi}, & n=2m+1 \end{cases}
\end{aligned}$$

$$\frac{A_0}{2} = \frac{1}{\pi}\int_0^\pi (\pi-|x|)dx = \frac{\pi}{2}$$

よって

$$\pi-|x| \sim \frac{\pi}{2} + \frac{4}{\pi}\left\{\cos x + \frac{\cos 3x}{3^2} + \frac{\cos 5x}{5^2} + \cdots\right\} \quad (12.17)$$

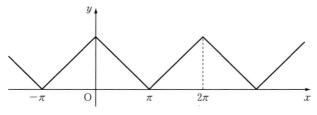

図 12.1

ここで右辺の優級数

$$\frac{\pi}{2} + \frac{4}{\pi}\left\{1 + \frac{1}{3^2} + \frac{1}{5^2} + \cdots\right\}$$

が収束するので，(12.17) の右辺は一様収束する．(12.17) の右辺の各項は $\mathbb{R}$ で微分可能だが，$f(x) = \pi - |x|$ は $x = 2k\pi$ $(k \in \mathbb{Z})$ で微分不可能で，(9.37) が成り立たない．

(3)
$$f_p(x) = \begin{cases} x, & x \in [-\pi, \pi) \\ p, & x = \pi \end{cases} \tag{12.18}$$

とすると，$f_p(x)$ は $x = (2k+1)\pi$ $(k \in \mathbb{Z})$ を除き奇関数．

$$A_n = 0$$
$$B_n = \frac{2}{\pi}\int_0^\pi x \sin nx\, dx$$
$$= \frac{2}{\pi}\left\{\left[-x\frac{\cos nx}{n}\right]_0^\pi + \int_0^\pi \frac{\cos nx}{n} dx\right\}$$
$$= (-1)^{n+1}\frac{2}{n}$$

よって，p によらず，

$$f_p(x) \sim 2\left(\sin x - \frac{1}{2}\sin 2x + \frac{1}{3}\sin 3x - \cdots\right) \tag{12.19}$$

$f_p(x)$ は $x = (2k+1)\pi$ で不連続で，p によるが，(12.19) の右辺の各項は連続で p によらない． ◇

連続関数のフーリエ級数展開可能性

命題 12.2 と項別積分定理により，

命題 12.4 周期 2π の積分可能な $f(x)$ に対して，$S_m[f](x)$ が一様収束であるとき，$S[f](x)$ は連続関数となり，任意の k に対して，

$$\langle S[f](x) - f(x), \cos kx \rangle = 0$$
$$\langle S[f](x) - f(x), \sin kx \rangle = 0 \tag{12.20}$$

となる．

定理 12.1 周期 2π の有界な可積分関数 $f(x)$ は

$$\int_{-\pi}^{\pi} f(x)\cos nx\, dx = 0 \qquad (n=0,1,\cdots)$$
$$\int_{-\pi}^{\pi} f(x)\sin nx\, dx = 0 \qquad (n=1,2,\cdots) \tag{12.21}$$

をみたすとする．このとき $x = x_0$ で $f(x)$ が連続ならば $f(x_0) = 0$ である．特に $f(x)$ が連続関数ならば，$f(x) \equiv 0$ である．

定理 12.1 の証明には準備を要するので，後述（定理 12.9（フェイェールの定理）の直後）とする．$S_m[f](x)$ が一様収束するとき，(12.20) によって，$S[f] - f$ に対して定理 12.1 を適用すると，$S[f](x_0) - f(x_0) = 0$ が得られる．以上のことより，

定理 12.2 周期 2π の有界な可積分関数 $f(x)$ に対して，(12.13) の $S[f](x)$ は一様収束とする．このとき，$f(x)$ が $x = x_0$ で連続であるならば，$S[f](x_0)$ は $f(x_0)$ に収束する．特に $f(x)$ が連続関数ならば，$S[f] = f$ である．

以下，$S[f] = f$ が成り立つための条件を $f(x)$ だけで与えたい．すなわち，$S_m[f](x)$ が一様収束するための $f(x)$ の条件を考察する．次節はそのための準備である．

12.2 ベッセルの不等式とリーマン・ルベーグの補題

ここでは，フーリエ級数の収束性を調べるために以下のことを準備する．(12.7) により，三角多項式 (12.1) に対して，

$$\int_{-\pi}^{\pi} S_m^2(x)\, dx = \pi\left\{\frac{1}{2}a_0^2 + \sum_{n=1}^{m}(a_n^2 + b_n^2)\right\} \tag{12.22}$$

が成り立つ．

定理 12.3 周期 2π の 2 乗可積分関数 $f(x)$ に対して, A_n, B_n は $f(x)$ のフーリエ係数とする. このとき,

(1)
$$\int_{-\pi}^{\pi} f(x) S_m[f](x)\,dx = \pi\left\{\frac{1}{2}A_0{}^2 + \sum_{n=1}^{m}(A_n{}^2 + B_n{}^2)\right\}$$
$$= \int_{-\pi}^{\pi} S_m[f]^2(x)\,dx \qquad (12.23)$$

(2) (ベッセルの不等式)
$$\int_{-\pi}^{\pi} S_m[f]^2(x)\,dx \leq \int_{-\pi}^{\pi} f^2(x)\,dx \qquad (12.24)$$

証明 (1) (12.11) より,
$$\int_{-\pi}^{\pi} f(x) S_m[f](x)\,dx = \int_{-\pi}^{\pi} f(x)\left\{\frac{1}{2}A_0 + \sum_{n=1}^{m}(A_n\cos nx + B_n\sin nx)\right\}dx$$
$$= \pi\left\{\frac{1}{2}A_0{}^2 + \sum_{n=1}^{m}(A_n{}^2 + B_n{}^2)\right\}$$
$$= \int_{-\pi}^{\pi} S_m[f]^2(x)\,dx$$

(2)
$$0 \leq \int_{-\pi}^{\pi} (f(x) - S_m[f](x))^2\,dx$$
$$= \int_{-\pi}^{\pi} f^2(x)\,dx - 2\int_{-\pi}^{\pi} f(x) S_m[f](x)\,dx + \int_{-\pi}^{\pi} S_m[f]^2(x)\,dx$$

よって (12.23) より, (12.24) が成り立つ. ∎

$\|f\| := \langle f, f\rangle^{\frac{1}{2}}$ はノルムとなる.

(12.16), (12.23), (12.24) により,
$$\|S[f]\|^2 = \langle f, \frac{1}{\sqrt{2\pi}}\rangle^2 + \sum_{n=1}^{\infty}\left(\langle f, \frac{\cos nx}{\sqrt{\pi}}\rangle^2 + \langle f, \frac{\sin nx}{\sqrt{\pi}}\rangle^2\right)$$
$$\leq \|f\|^2 \qquad (12.25)$$

が成り立つ[*3].

[*3] 12.5 節でパーセヴァルの等式 (12.55) を考察する.

定理 12.4 （リーマン・ルベーグの補題） $f(x)$ は周期 2π の 2 乗可積分関数とする.

(1) (12.11) の A_n, B_n に対して,
$$\lim_{n\to\infty} A_n = \lim_{n\to\infty} B_n = 0 \tag{12.26}$$

(2) $\forall \alpha \in \mathbb{R}$ に対して,
$$\begin{aligned}\lim_{n\to\infty}\int_{-\pi}^{\pi} f(x)\cos(n+\alpha)x\,dx = 0 \\ \lim_{n\to\infty}\int_{-\pi}^{\pi} f(x)\sin(n+\alpha)x\,dx = 0\end{aligned} \tag{12.27}$$

証明 (1) $\int_{-\pi}^{\pi} f^2(x)\,dx < \infty$ であるから，(12.23), (12.24) より，(12.26) が得られる．

(2)
$$\begin{aligned}&\int_{-\pi}^{\pi} f(x)\cos(n+\alpha)x\,dx \\ &= \int_{-\pi}^{\pi} f(x)\cos\alpha x\cos nx\,dx - \int_{-\pi}^{\pi} f(x)\sin\alpha x\sin nx\,dx \\ &= \langle f(x)\cos\alpha x, \cos nx\rangle - \langle f(x)\sin\alpha x, \sin nx\rangle\end{aligned}$$

周期 2π の可積分関数 $f(x)\cos\alpha x, f(x)\sin\alpha x$ に対するフーリエ係数に対して (12.26) を適用すると上式は $n\to\infty$ のとき 0 に収束する．
$\int_{-\pi}^{\pi} f(x)\sin(n+\alpha)x\,dx$ についても同様．■

12.3　関数のなめらかさとフーリエ級数の収束性

定理 12.5 $f(x)$ は周期 2π の 2 乗可積分関数とする.

(1) $p > \dfrac{1}{2}$ に対して，定数 $C_p > 0$ が存在して，
$$\sum_{n=1}^{\infty}\frac{1}{n^p}(|A_n|+|B_n|) \leq C_p + \frac{1}{2\pi}\int_{-\pi}^{\pi} f^2(x)\,dx \tag{12.28}$$

が成り立つ.

(2) $f(x)$ は C^k 級とする.

(i) $f^{(k)}(x)$ のフーリエ係数 $A_{k,n}, B_{k,n}$ を (12.11) と同様に定義する．このとき，

$$\sum_{n=1}^{\infty} n^k(|A_n| + |B_n|) = \sum_{n=1}^{\infty}(|A_{k,n}| + |B_{k,n}|) \qquad (12.29)$$

が成り立つ．

(ii) $p > \dfrac{1}{2}$ に対して，定数 $C_p > 0$ が存在して，

$$\sum_{n=1}^{\infty} n^{k-p}(|A_n| + |B_n|) \le C_p + \frac{1}{2\pi}\int_{-\pi}^{\pi}(f^{(k)}(x))^2 dx \qquad (12.30)$$

が成り立つ．

(3) $f(x)$ が C^1 級ならば，$S_m[f](x)$ は $f(x)$ に絶対一様収束する．

証明 (1) 一般に $a(b+c) = ab + ac \le a^2 + \dfrac{1}{2}(b^2 + c^2)$ であるから，

$$\frac{1}{n^p}(|A_n| + |B_n|) \le \frac{1}{n^{2p}} + \frac{1}{2}(|A_n|^2 + |B_n|^2)$$

よって $C_p = \sum\limits_{n=1}^{\infty} \dfrac{1}{n^{2p}}$ に対して，ベッセルの不等式より (12.28) が得られる．

(2) (i) $S_m[f'](x) = \dfrac{1}{2}A_{1,0} + \sum\limits_{n=1}^{m}(A_{1,n}\cos nx + B_{1,n}\sin nx)$

$$A_{1,n} = \frac{1}{\pi}\int_{-\pi}^{\pi} f'(x)\cos nx\, dx$$
$$= \frac{1}{\pi}\left\{\left[f(x)\cos nx\right]_{-\pi}^{\pi} + n\int_{-\pi}^{\pi} f(x)\sin nx\, dx\right\}$$
$$= \begin{cases} nB_n, & n = 1, 2, \cdots \\ 0, & n = 0 \end{cases}$$
$$B_{1,n} = -nA_n \quad (n = 1, 2, \cdots)$$

同様に $A_{k,n}, B_{k,n}$ に対して，部分積分を繰り返し用いて，

$$n^k(|A_n| + |B_n|) = (|A_{k,n}| + |B_{k,n}|) \qquad (12.31)$$

((12.29) によって，k 次導関数 $f^{(k)}(x)$ のフーリエ係数の収束性が，$f(x)$ のフーリエ係数のより速い収束性を与える．)

(ii) (12.31) と，$f^{(k)}(x)$ に対する (12.28) によって，(12.30) が得られる．

(3) (12.30) で $k = 1, p = 1$ として，命題 12.1 より，$S_m[f]$ は絶対一様収束

する．定理 12.2 より，$S[f] = f$ となる[*4]． ■

区分的になめらかな関数

定義 12.3 関数 $f(x)$ が有界閉区間 $[a, b]$ で区分的に連続であるとは，$[a, b]$ の分割 $a = x_0 < x_1 < \cdots < x_n = b$ を選ぶことによって，各小区間 (x_{i-1}, x_i) で $f(x)$ は連続であり，かつ

$$f(x_{i-1} + 0) := \lim_{x \to x_{i-1}+0} f(x)$$
$$f(x_i - 0) := \lim_{x \to x_i-0} f(x) \tag{12.32}$$

が存在することをいう．$f(x)$ が区分的に微分可能であるということも同様に定義され，さらに $f'(x)$ も区分的に連続であるとき，$f(x)$ は区分的になめらかであるという．

$f(x)$ が区分的に連続であるとき，$f(x)$ は $[a, b]$ で有界で，有限個の点 x_i で不連続，すなわち

$$\lim_{x \to x_i - 0} f(x) \neq f(x_i) \neq \lim_{x \to x_i + 0} f(x)$$

であってもよい．

命題 12.5 関数 $f(x), g(x)$ が $[a, b]$ で連続で，区分的になめらかならば，部分積分

$$\int_a^b f'(x) g(x) dx = \Big[f(x) g(x) \Big]_{x=a}^{x=b} - \int_a^b f(x) g'(x) dx \tag{12.33}$$

が成り立つ．

証明 関数 $f(x), g(x)$ は区分的になめらかなので，部分積分

$$\int_{x_{i-1}}^{x_i} f'(x) g(x) dx = \Big[f(x) g(x) \Big]_{x=x_{i-1}}^{x=x_i} - \int_{x_{i-1}}^{x_i} f(x) g'(x) dx$$

[*4] (12.30) の左辺で，$k = p > \frac{1}{2}$ で $S_m[f]$ は絶対一様収束するので，f のなめらかさの仮定が弱められる可能性が考えられる．実際，ヘルダー連続性 $|f(x) - f(y)| \leq {}^\exists M |x - y|^\alpha$ $\left(\alpha > \frac{1}{2}\right)$ が成り立つとき，$S_m[f]$ は絶対一様収束することが示される．([25] を参照．)

が成り立つ．$f(x), g(x)$ は $[a, b]$ で連続なので，(12.33) が成り立つ． ∎

定理 12.6 周期 2π の連続関数 $f(x)$ が区分的になめらかならば，$S_m[f](x)$ は $f(x)$ に絶対一様収束する．

定理 12.6 は命題 12.5 によって，定理 12.5 と同様に証明される．これにより，(12.17) はフーリエ級数展開となる．

定理 12.5 では $f(x)$ が C^1 級ならば $S[f] = f$ となることを見た．しかし，ある x_0 で $S[f](x_0) \neq f(x_0)$ となる連続関数 $f(x)$ の存在が知られている．([25] 参照．) そこで $S[f] = f$ が成り立つための $f(x)$ のなめらかさの仮定を弱めることを考える．(定理 12.5 の脚注 4 参照．)

定理 12.7 周期 2π の関数 $f(x)$ がリプシッツ連続であるならば，$S_m[f](x)$ は $f(x)$ に一様収束し，$S[f](x) = f(x)$ となる．

以下，定理 12.7 の証明のための準備をする．

=============================== **ディリクレ核**

$$D_m(x) = \begin{cases} \dfrac{1}{2}, & m = 0 \\ \dfrac{1}{2} + \cos x + \cos 2x + \cdots + \cos mx, & m = 1, 2, \cdots \end{cases}$$
(12.34)

をディリクレ核という．$D_m(x)$ は周期 2π の偶関数で C^∞ 級．

命題 12.6 周期 2π の可積分関数 $f(x)$ に対して，

$$S_m[f](x) = \frac{1}{\pi} \int_{-\pi}^{\pi} f(x+t) D_m(t) dt$$
$$= \frac{1}{\pi} \int_{0}^{\pi} \{f(x+t) + f(x-t)\} D_m(t) dt \quad (12.35)$$

証明 (12.11), (12.12) において

12.3 関数のなめらかさとフーリエ級数の収束性 　209

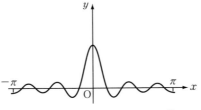

(a) m が小さいときのディリクレ核

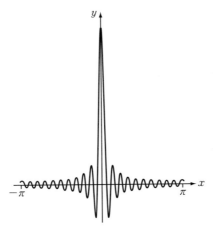

(b) m が大きいときのディリクレ核

図 12.2

$$\begin{aligned}
&A_n \cos nx + B_n \sin nx \\
&= \left(\frac{1}{\pi}\int_{-\pi}^{\pi} f(s)\cos ns\, ds\right)\cos nx + \left(\frac{1}{\pi}\int_{-\pi}^{\pi} f(s)\sin ns\, ds\right)\sin nx \\
&= \frac{1}{\pi}\int_{-\pi}^{\pi} f(s)\left(\cos ns \cos nx + \sin ns \sin nx\right)ds \\
&= \frac{1}{\pi}\int_{-\pi}^{\pi} f(s)\cos n(s-x)\, ds \\
&= \frac{1}{\pi}\int_{-\pi-x}^{\pi-x} f(t+x)\cos nt\, dt \\
&= \frac{1}{\pi}\int_{-\pi}^{\pi} f(t+x)\cos nt\, dt
\end{aligned}$$

最後の式変形は一般に周期 $2p$ $(p > 0)$ の可積分関数 $g(x)$ に対して,

$$^\forall a \in \mathbb{R}, \quad \int_{-p-a}^{p-a} g(x)\,dx = \int_{-p}^{p} g(x)\,dx$$

であることによる.(1 周期分の積分区間を平行移動しても積分値は一定.) よって

$$S_m[f](x) = \frac{1}{\pi} \int_{-\pi}^{\pi} f(t+x) D_m(t)\,dt$$
$$= \frac{1}{\pi} \left(\int_0^{\pi} f(t+x) D_m(t)\,dt + \int_{-\pi}^0 f(t+x) D_m(t)\,dt \right)$$

ここで $D_m(-t) = D_m(t)$ より

$$\int_{-\pi}^0 f(t+x) D_m(t)\,dt = \int_0^{\pi} f(-t+x) D_m(t)\,dt$$

よって (12.35) が示された. ■

定理 12.7 を示すために,(12.35) によって,リプシッツ連続関数 $f(x)$ に対して,

$$\lim_{m \to \infty} \frac{1}{\pi} \int_{-\pi}^{\pi} f(x+t) D_m(t)\,dt = f(x)$$

を示すことになる.

命題 12.7 (1)
$$\int_{-\pi}^0 D_m(x)\,dx = \int_0^{\pi} D_m(x)\,dx = \frac{\pi}{2} \tag{12.36}$$

(2)
$$D_m(x) = \begin{cases} \dfrac{1}{2} + m, & x = 2k\pi \\[2mm] \dfrac{\sin\left(m + \dfrac{1}{2}\right)x}{2\sin\dfrac{x}{2}}, & x \neq 2k\pi \end{cases} \tag{12.37}$$

(3) $x \in [-\pi, \pi]$ に対して,
$$|D_m(x)| \leq \frac{\pi}{2} \frac{1}{|x|} \quad (x \neq 0) \tag{12.38}$$

証明 (1) (12.34) より明らか.
(2) $x = 2k\pi$ のときは明らか. $x \neq 2k\pi$ のとき

$$\sin\frac{x}{2} D_m(x) = \frac{1}{2}\sin\frac{x}{2} + \sum_{n=1}^{m} \sin\frac{x}{2}\cos nx$$
$$= \frac{1}{2}\sin\frac{x}{2} + \frac{1}{2}\sum_{n=1}^{m}\left\{\sin\left(n+\frac{1}{2}\right)x - \sin\left(n-\frac{1}{2}\right)x\right\}$$
$$= \frac{1}{2}\sin\left(m+\frac{1}{2}\right)x$$

(3) $0 < x < \frac{\pi}{2}$ のとき, $0 < \frac{2}{\pi}x < \sin x$ であるから, $0 < x < \pi$ に対して,

$$|D_m(x)| \leq \frac{1}{2\sin\frac{x}{2}} \leq \frac{\pi}{2}\frac{1}{x} \qquad \blacksquare$$

図 12.2 では, m が大きくなると, $|D_m(x)|$ は原点から遠い点では小さくなっていくことが見てとれる.

補題 12.1 $g(x)$ は周期 2π の2乗可積分関数とする. $0 < {}^\forall\delta < \pi$ に対して,

$$\lim_{m\to\infty}\int_{\delta\leq|t|\leq\pi} g(t)D_m(t)\,dt = 0 \qquad (12.39)$$

証明 $t \neq 0$ のとき

$$g(t)D_m(t) = \frac{g(t)}{2\sin\frac{t}{2}}\sin\left(m+\frac{1}{2}\right)t$$

であるから,

$$\tilde{g}(t) = \begin{cases} \dfrac{g(t)}{2\sin\frac{t}{2}}, & t \in [-\pi, \pi]\setminus[-\delta, \delta] \\ 0, & t \in [-\delta, \delta] \end{cases}$$

に対して,

$$\int_{\delta\leq|t|\leq\pi} g(t)D_m(t)\,dt = \int_{-\pi}^{\pi} \tilde{g}(t)\sin\left(m+\frac{1}{2}\right)t\,dt \qquad (12.40)$$

$0 < |t| < \pi$ のとき, $\frac{\pi}{2}\left|\frac{t}{2}\right| \leq \left|\sin\frac{t}{2}\right|$ であるから, $[-\pi, -\delta] \cup [\delta, \pi]$ におい

て，$\left|\dfrac{g(t)}{2\sin\dfrac{t}{2}}\right| \leq \dfrac{|g(t)|}{\dfrac{\pi}{2}\delta}$ である．よって $\tilde{g}(t)$ は $[-\pi, \pi]$ で 2 乗可積分．よって (12.27) より (12.40) は 0 に収束し，(12.39) が得られる．■

定理 12.7 の証明　(12.36)，(12.35) より

$$S_m[f](x) - f(x) = \frac{1}{\pi}\int_{-\pi}^{\pi}(f(x+t) - f(x))D_m(t)dt$$
$$=: I_m(x) + J_m(x)$$
$$I_m(x) = \frac{1}{\pi}\int_{-\delta}^{\delta}(f(x+t) - f(x))D_m(t)dt$$
$$J_m(x) = \frac{1}{\pi}\int_{\delta \leq |t| \leq \pi}(f(x+t) - f(x))D_m(t)dt$$
(12.41)

(12.38) より

$$|I_m(x)| \leq \frac{1}{\pi}\int_{-\delta}^{\delta}\left|\frac{f(x+t) - f(x)}{t}\right| \cdot |tD_m(t)|dt$$
$$\leq \frac{1}{2}\int_{-\delta}^{\delta}\left|\frac{f(x+t) - f(x)}{t}\right|dt \tag{12.42}$$

仮定より $f(x)$ はリプシッツ連続であるから，
$$\exists M > 0\,;\, |f(x+t) - f(x)| \leq Mt$$
よって $|I_m(x)| \leq M\delta$．よって $^\forall \varepsilon > 0$ に対して，$M\delta < \varepsilon$ となる $\delta > 0$ を定める．$g(x, t) = f(x+t) - f(x)$ は周期 2π の 2 乗可積分関数であり，$|g(x, t)| \leq Mt$ より，補題 12.1 の証明と同様に

$$|J_m(x)| \leq \frac{2}{\pi^2}\delta M\left|\int_{-\pi}^{\pi}t\sin\left(m + \frac{1}{2}\right)t\,dt\right|$$

となり，(12.27) より，x について一様に

$$\lim_{m \to \infty}|J_m(x)| = 0 \tag{12.43}$$

よって $S_m[f](x)$ は $f(x)$ に一様収束する．■

定理 12.6 の $f(x)$ の連続性が仮定されないとき，すなわち区分的になめらかな $f(x)$ が不連続点をもつとき，

定理 12.8 周期 2π の関数 $f(x)$ が $[-\pi, \pi]$ で区分的になめらかであるならば

$$S[f](x) = \frac{f(x-0) + f(x+0)}{2} \tag{12.44}$$

証明 (12.36), (12.35) より

$$S_m[f](x) - \frac{f(x-0) + f(x+0)}{2} = \frac{1}{\pi} \Big\{ \int_0^\pi (f(x+t) - f(x+0)) D_m(t) dt$$
$$+ \int_0^\pi (f(x-t) - f(x-0)) D_m(t) dt \Big\}$$
$$=: P_m(x) + Q_m(x)$$

とする．$\lim_{m\to\infty} P_m(x) = 0$ を示す．$G_m(x,t) := (f(x+t) - f(x+0)) D_m(t)$ に対して，

$$P_m(x) = \int_0^\delta G_m(x,t) dt + \int_\delta^\pi G_m(x,t) dt$$

と表す．仮定により，ある $\delta_0 > 0$ に対して，$f'(x)$ は $(x, x+\delta_0)$ で連続かつ有界．よって $0 < \delta < \delta_0$ のとき，平均値の定理により $0 < t < \delta$ に対して

$$|f(x+t) - f(x+0)| \leq Mt, \quad M = \max_{x \leq \xi \leq x+\delta} |f'(\xi)|$$

よって (12.42) と同様に

$$\left| \frac{1}{\pi} \int_0^\delta G_m(x,t) dt \right| \leq \frac{1}{2} M\delta$$

よって $\forall \varepsilon > 0$ に対して，$\frac{1}{2}M\delta < \varepsilon$, かつ $\delta < \delta_0$ となるように $\delta > 0$ を定める．補題 12.1 と同様に $\lim_{m\to\infty} \int_\delta^\pi G_m(x,t) dt = 0$. $\lim_{m\to\infty} Q_m(x) = 0$ も同様．■

12.4 フェイェールの定理

さて，いよいよ定理 12.1 の証明に取り掛かる．
$m = 0, 1, \cdots$ に対して，

$$F_m(x) = \frac{D_0(x) + D_1(x) + \cdots + D_m(x)}{m+1} \tag{12.45}$$

をフェイェール核という．

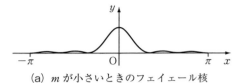

(a) m が小さいときのフェイェール核

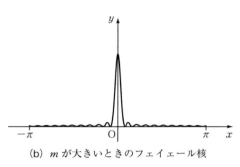

(b) m が大きいときのフェイェール核

図 12.3

定義 12.4 周期 2π の可積分関数に対して，

$$\sigma_m[f](x) = \frac{S_0[f](x) + \cdots + S_m[f](x)}{m+1} \tag{12.46}$$

を $f(x)$ のチェザロ平均という．(12.35) より

$$\begin{aligned}\sigma_m[f](x) &= \frac{1}{m+1} \sum_{n=0}^{m} \frac{1}{\pi} \int_{-\pi}^{\pi} f(x+t) D_n(t) \, dt \\ &= \frac{1}{\pi} \int_{-\pi}^{\pi} f(x+t) F_m(t) \, dt\end{aligned} \tag{12.47}$$

命題 12.8 (1)
$$\int_{-\pi}^{\pi} F_m(x) \, dx = \pi \tag{12.48}$$

(2)
$$F_m(x) = \begin{cases} \dfrac{1}{2(m+1)} \left(\dfrac{\sin \dfrac{m+1}{2} x}{\sin \dfrac{x}{2}} \right)^2, & x \neq 2k\pi \\ \dfrac{m}{2} + \dfrac{1}{2}, & x = 2k\pi \end{cases} \tag{12.49}$$

(3) $0 < {}^\forall \delta < \pi$ に対して，$[-\pi, -\delta] \cup [\delta, \pi]$ において，$F_m(x)$ は 0 に

12.4 フェイェールの定理

一様収束する.

証明 (1) $F_m(x)$ は $D_i(x)$ $(i = 0, \cdots, m)$ の平均であるから, (12.36) より明らか.

(2) $x \neq 2k\pi$ のとき, (12.37) より

$$\sin^2 \frac{x}{2} F_m(x) = \frac{\sin^2 \frac{x}{2}}{m+1} \sum_{n=0}^{m} \frac{\sin\left(n + \frac{1}{2}\right)x}{2\sin \frac{x}{2}}$$

$$= \frac{1}{2(m+1)} \sum_{n=0}^{m} \sin \frac{x}{2} \sin\left(n + \frac{1}{2}\right)x$$

$$= \frac{1}{4(m+1)} \sum_{n=0}^{m} \left\{\cos\left(n + \frac{1}{2} - \frac{1}{2}\right)x - \cos\left(n + \frac{1}{2} + \frac{1}{2}\right)x\right\}$$

$$= \frac{1}{4(m+1)}(1 - \cos(m+1)x) = \frac{\sin^2 \frac{m+1}{2}x}{2(m+1)}$$

$x = 2k\pi$ のとき, $D_m(x) = \frac{1}{2} + m$ より明らか.

(3) $\delta \leq |x| \leq \pi$ のとき, $0 < \sin^2 \frac{\delta}{2} \leq \sin^2 \frac{x}{2}$ であるから (2) より

$$0 \leq F_m(x) \leq \frac{1}{2(m+1)\sin^2 \frac{\delta}{2}} \qquad (12.50)$$

すなわち $\lim_{m \to \infty} \sup_{\delta \leq |x| \leq \pi} F_m(x) = 0$. ∎

定理 12.9 (フェイェールの定理) $f(x)$ は周期 2π の可積分関数で, 有界とする. $f(x)$ が x_0 で連続ならば, $\sigma_m[f](x_0)$ は $f(x_0)$ に収束する. 特に $f(x)$ が連続関数ならば, $\sigma_m[f](x)$ は $f(x)$ に一様収束する.

証明 (12.48), (12.47) より

$$\sigma_m[f](x_0) - f(x_0) = \frac{1}{\pi} \int_{-\pi}^{\pi} (f(x_0 + t) - f(x_0)) F_m(t) dt$$

$H_m(t) = (f(x_0 + t) - f(x_0)) F_m(t)$ とおくと

$$|\sigma_m[f](x_0) - f(x_0)| \leq \frac{1}{\pi}\left\{\int_{-\delta}^{\delta}|H_m(t)|dt + \int_{\delta \leq |t| \leq \pi}|H_m(t)|dt\right\} \tag{12.51}$$

$f(x)$ は x_0 で連続であるから,

$${}^{\forall}\varepsilon > 0, \; \exists \delta > 0 \,;\, -\delta < {}^{\forall}t < \delta, \; |f(x_0 + t) - f(x_0)| < \varepsilon \tag{12.52}$$

ここで $f(x)$ が $[-\pi, \pi]$ で一様連続であるなら, δ は x_0 によらない. この δ に対して

$$\int_{-\delta}^{\delta}|H_m(t)|dt \leq \varepsilon \int_{-\delta}^{\delta} F_m(t)dt \leq \varepsilon \pi$$

(12.50) より,

$$\int_{\delta \leq |t| \leq \pi}|H_m(t)|dt \leq 2\max_{x \in [-\pi,\pi]}|f(x)|\int_{\delta \leq |t| \leq \pi}F_m(t)dt$$
$$\leq \frac{2(\pi - \delta)}{(m+1)\sin^2\frac{\delta}{2}}\max_{x \in [-\pi,\pi]}|f(x)|$$

x によらずに m を十分大きくすることで, 右辺は任意に小さくできる. ∎

定理 12.1 の証明 (12.21) より $f(x)$ のフーリエ係数はすべて 0 であり, $S_m[f](x) = 0$. よって $\sigma_m[f](x) = 0$ であり, フェイェールの定理より, $x = x_0$ で $f(x)$ が連続であるとき, $\lim_{m \to \infty}\sigma_m[f](x_0) = f(x_0) = 0$. ∎

ディリクレ核, フェイェール核の働きの理解のために, 次章のガウス核のように, 13.2 節の関数の畳み込みが重要である[*5].

12.5 パーセヴァルの等式

$\boldsymbol{x} = (x_1, x_2), \; \boldsymbol{e}_1 = (1, 0), \; \boldsymbol{e}_2 = (0, 1) \in \mathbb{R}^2$ に対して,
$$\boldsymbol{x} = \langle \boldsymbol{x}, \boldsymbol{e}_1 \rangle \boldsymbol{e}_1 + \langle \boldsymbol{x}, \boldsymbol{e}_2 \rangle \boldsymbol{e}_2$$
と表され, このとき

[*5] 例 13.1 と図 12.2, 図 12.3 と関連づけて考えるとよい.

$$\|x\|^2 = \langle x, e_1 \rangle^2 + \langle x, e_2 \rangle^2$$

はピタゴラスの定理である．以下ではフーリエ級数に対するピタゴラスの定理を考察する．なお，ベッセルの不等式より (12.25) が成り立っている．

命題 12.9 (最良近似) $f(x)$ は周期 2π の 2 乗可積分関数とする．このとき，(12.1) で与えられる任意の三角多項式 $S_m(x)$ に対して，

$$\int_{-\pi}^{\pi} (f(x) - S_m(x))^2 dx \geq \int_{-\pi}^{\pi} (f(x) - S_m[f](x))^2 dx \tag{12.53}$$

証明
$$\int_{-\pi}^{\pi} (f(x) - S_m(x))^2 dx$$
$$= \int_{-\pi}^{\pi} \{(f(x) - S_m[f](x)) + (S_m[f](x) - S_m(x))\}^2 dx$$
$$= \int_{-\pi}^{\pi} (f(x) - S_m[f](x))^2 dx + \int_{-\pi}^{\pi} (S_m[f](x) - S_m(x))^2 dx$$
$$\quad + 2\int_{-\pi}^{\pi} (f(x) - S_m[f](x))(S_m[f](x) - S_m(x)) dx$$
$$=: I_m + J_m + 2K_m$$

ここで定理 12.3 (1) より

$$K_m = -\int_{-\pi}^{\pi} (f(x) - S_m[f](x))S_m(x) dx$$
$$= -\frac{1}{2}a_0 \int_{-\pi}^{\pi} (f(x) - S_m[f](x)) dx$$
$$\quad - \sum_{n=1}^{m} \Big(a_n \int_{-\pi}^{\pi} (f(x) - S_m[f](x))\cos nx \, dx$$
$$\quad + b_n \int_{-\pi}^{\pi} (f(x) - S_m[f](x))\sin nx \, dx\Big)$$
$$= -\frac{1}{2}a_0 \pi (A_0 - A_0) - \sum_{n=1}^{m} (a_n \pi (A_n - A_n) + b_n \pi (B_n - B_n))$$
$$= 0$$

よって

$$\int_{-\pi}^{\pi} (f(x) - S_m(x))^2 dx = I_m + J_m$$

より (12.53) は成り立ち，等号成立は $S_m[f](x) = S_m(x)$ のとき，すなわち $a_n = A_n, b_n = B_n$ のときである．■

定義 12.5 周期 2π の 2 乗可積分関数 $f(x)$ に対して，

$$\frac{1}{2}A_0^2 + \sum_{n=1}^{\infty}(A_n^2 + B_n^2) = \frac{1}{\pi}\int_{-\pi}^{\pi} f^2(x)\,dx \tag{12.54}$$

をパーセヴァルの等式という．

(12.25) と同様に，パーセヴァルの等式は

$$\|S[f]\|^2 = \langle f, \frac{1}{\sqrt{2\pi}}\rangle^2 + \sum_{n=1}^{\infty}\left(\langle f, \frac{\cos nx}{\sqrt{\pi}}\rangle^2 + \langle f, \frac{\sin nx}{\sqrt{\pi}}\rangle^2\right) = \|f\|^2 \tag{12.55}$$

と書くことができる．パーセヴァルの等式はピタゴラスの定理の拡張になっている．

命題 12.10 周期 2π の連続関数に対して，パーセヴァルの等式が成り立つ．

証明 最良近似と (12.23) より

$$\int_{-\pi}^{\pi}(f(x) - \sigma_m[f](x))^2\,dx \geq \int_{-\pi}^{\pi}(f(x) - S_m[f](x))^2\,dx$$
$$= \int_{-\pi}^{\pi}f^2(x)\,dx - \int_{-\pi}^{\pi}S_m[f]^2(x)\,dx \geq 0$$

$\sigma_m[f](x)$ は $[-\pi, \pi]$ で $f(x)$ に一様収束するので，

$$\sup_{x\in[-\pi,\pi]}|f(x) - \sigma_m[f](x)| \to 0 \quad (m\to\infty)$$

により

$$\int_{-\pi}^{\pi}(f(x) - \sigma_m[f](x))^2\,dx \to 0 \quad (m\to\infty)$$

となる．よって，はさみうちの定理と (12.23) より

$$\int_{-\pi}^{\pi}f^2(x)\,dx = \lim_{m\to\infty}\int_{-\pi}^{\pi}S_m[f]^2(x)\,dx = \pi\left\{\frac{1}{2}A_0^2 + \sum_{n=1}^{\infty}(A_n^2 + B_n^2)\right\} \tag{12.56}$$

より (12.54) が成り立つ．■

12.5 パーセヴァルの等式

定理 12.10 周期 2π の区分的に連続な関数に対して，パーセヴァルの等式が成り立つ．

以下，定理 12.10 の証明を行う．

補題 12.2 $a < c < d < b$ とする．有界閉区間 $[a, b]$ 上の有界な関数 $f(x)$ は開区間 (c, d) で連続で，$[a, b] \setminus (c, d)$ で $f(x) = 0$ とする．このとき

$$\lim_{n \to \infty} \int_a^b (f(x) - f_n(x))^2 dx = 0$$

をみたす $[a, b]$ で連続な関数列 $f_n(x)$ が存在する．

証明 $n \in \mathbb{N}$ を $a < c - \dfrac{1}{n} < c < d < d + \dfrac{1}{n} < b$ となるようにとる．$f_n(x)$ を $\left[a, c - \dfrac{1}{n}\right]$ と $\left[d + \dfrac{1}{n}, b\right]$ で $f_n(x) = 0$, (c, d) で $f_n(x) = f(x)$, $f_n(c) = f(c + 0)$, $f_n(d) = f(d - 0)$ とし，$\left(c - \dfrac{1}{n}, c\right)$ と $\left(d, d + \dfrac{1}{n}\right)$ で $f_n(x)$ は1次関数となる連続関数とする．このとき

$$\int_a^b (f(x) - f_n(x))^2 dx = \int_{c-\frac{1}{n}}^c (f(x) - f_n(x))^2 dx + \int_d^{d+\frac{1}{n}} (f(x) - f_n(x))^2 dx$$
$$\to 0 \quad (n \to \infty) \qquad \blacksquare$$

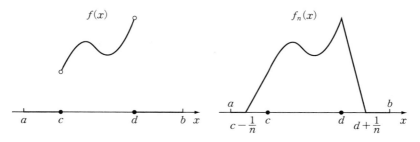

図 12.4

命題 12.11 有界閉区間 $[a, b]$ で区分的に連続な関数 $f(x)$ に対して，$[a, b]$ で連続な関数列 $f_k(x)$ が存在して，

$$\lim_{n \to \infty} \int_a^b (f(x) - f_k(x))^2 dx = 0 \tag{12.57}$$

が成り立つ．

証明 関数 $g_i(x)$ は (x_{i-1}, x_i) で連続で，(x_{i-1}, x_i) 以外で 0 となるものとし，関数 $h_i(x)$ は $x = x_i$ 以外で 0 であるものとするとき，定義 12.3 により $f(x)$ は，

$$f(x) = \sum_{i=1}^{n} g_i(x) + \sum_{i=1}^{n} h_i(x)$$

と書くことができる．補題 12.2 より $[a, b]$ での連続関数列 $g_{i,k}(x)$ が存在して，

$$\lim_{n \to \infty} \int_a^b (g_i(x) - g_{i,k}(x))^2 dx = 0 \tag{12.58}$$

となる．一般に，$2|f(x)g(x)| \leq f^2(x) + g^2(x)$ より

$$\int_a^b (f(x) + g(x))^2 dx \leq 2 \left(\int_a^b f^2(x) dx + \int_a^b g^2(x) dx \right)$$

であり，$h_i(x)$ は積分上無視できるので，

$$\int_a^b \left(f(x) - \sum_{i=1}^{n} g_{i,k}(x) \right)^2 dx = \int_a^b \left(\sum_{i=1}^{n} (g_i(x) - g_{i,k}(x)) \right)^2 dx$$

$$\leq 2 \sum_{i=1}^{n} \int_a^b (g_i(x) - g_{i,k}(x))^2 dx$$

よって (12.58) より $f_k(x) := \sum_{i=1}^{n} g_{i,k}(x)$ に対して，(12.57) が成り立つ． ∎

定理 12.10 の証明 周期 2π の 2 乗可積分関数 $f(x)$ に対して，

$$\|f\| = \left(\int_{-\pi}^{\pi} f^2(x) dx \right)^{\frac{1}{2}}$$

と表す．このとき，シュワルツの不等式と三角不等式

$$|\langle f, g \rangle| \leq \|f\| \cdot \|g\|, \quad \|f + g\| \leq \|f\| + \|g\|$$

が成り立つ．区分的に連続な $f(x)$ と，(12.57) をみたす連続な $f_k(x)$ に対し

て，
$$\|f - S_m[f]\| = \|(f - f_k) + (f_k - S_m[f_k]) + (S_m[f_k] - S_m[f])\|$$
$$\leq \|f - f_k\| + \|f_k - S_m[f_k]\| + \|S_m[f_k] - S_m[f]\|$$
ここで (12.24) より
$$\|S_m[f_k] - S_m[f]\| = \|S_m[f_k - f]\| \leq \|f_k - f\|$$
であるから，
$$\|f - S_m[f]\| \leq 2\|f - f_k\| + \|f_k - S_m[f_k]\|$$
ここで k を十分大きくとり，それから m を十分大きくとることによって $\|f - S_m[f]\| \to 0$ とできる．よって命題 12.10 の証明と同様に (12.56) が成り立つ． ■

なお，パーセヴァルの等式は 2 乗可積分関数について成り立つことが証明される．([10] などを参照．)

ノルムのとり方と関数列の収束性

$f(x) \in C([a, b])$ に対して，
$$\|f\|_\infty = \max_{a \leq x \leq b} |f(x)|$$
$$\|f\|_1 = \int_a^b |f(x)|\, dx$$
$$\|f\|_2 = \left(\int_a^b |f(x)|^2\, dx \right)^{\frac{1}{2}}$$
はノルムとなる．$[a, b]$ で 0 となる関数を 0 と書くと，(9.3) の $\bar{g}_n(x)$ について
$$\bar{g}_n \to 0 \text{ in } (C([0, \infty)), \|\cdot\|_\infty)$$
だが，$\bar{g}_n \to 0$ in $(C([0, \infty)), \|\cdot\|_1)$ とはならない．また $f \in C([-\pi, \pi])$ に対して
$$S_m[f] \to f \text{ in } (C([-\pi, \pi]), \|\cdot\|_2)$$
は成り立つが，$S_m[f] \to f$ in $(C([-\pi, \pi]), \|\cdot\|_\infty)$ とは限らない．

第13章

$\mathbb{R}$ での熱方程式

$\mathbb{R}$ での熱方程式の解はフーリエ変換で構成するのが一般的だが，ここでは形式的な議論により，熱方程式の基本解であるガウス核を発見し，それによって初期値問題の解を構成する．

13.1 $\mathbb{R}$ での熱方程式の基本解

ここでは無限長の針金上の熱伝導を記述する $\mathbb{R}$ での熱方程式を考察する．$\mathbb{R}$ で定義された連続関数 $\phi(x)$ に対して，

$$\begin{cases} u_t(x,t) = u_{xx}(x,t), \quad (x,t) \in \mathbb{R} \times (0,\infty) \\ \lim_{|x|\to\infty} u(x,t) = 0 \\ u(x,0) = \phi(x) \end{cases} \quad (13.1)$$

をみたす $u(x,t)$ を求めたい．ただし，

$$\lim_{|x|\to\infty} \phi(x) = 0, \quad \int_{-\infty}^{\infty} |\phi(x)|\,dx < \infty$$

とする．この節では解を発見するための考察として，しばしば形式的な議論を行う．

形式的な計算による熱核の導出

(11.24) のように

$$u_\lambda(x, t) = v_\lambda(x) w_\lambda(t)$$
$$v_\lambda(x) = A(\lambda)\cos \lambda x + B(\lambda)\sin \lambda x \tag{13.2}$$
$$w_\lambda(t) = e^{-\lambda^2 t}$$

とする．有限区間 $(0, 1)$ での熱伝導のときは，$\lambda_n = n\pi$ について $\sum_{n=1}^{\infty} u_{\lambda_n}$ が熱方程式をみたすことを確かめたが，ここでは $\lambda \in \mathbb{R}$ すべてについての u_λ の総和，すなわち u_λ の λ についての積分[*1]

$$u(x, t) = \int_{-\infty}^{\infty} u_\lambda(x, t) d\lambda \tag{13.3}$$

が線形方程式である熱方程式を形式的にみたす．これは，積分記号下の微分法によって

$$u_t(x, t) - u_{xx}(x, t) = \int_{-\infty}^{\infty} ((u_\lambda)_t(x, t) - (u_\lambda)_{xx}(x, t)) d\lambda = 0$$

が得られることによる．(13.1) の初期条件により，(13.2) の $A(\lambda), B(\lambda)$ は (13.3) により，

$$\phi(x) = u(x, 0) = \int_{-\infty}^{\infty} (A(\lambda)\cos \lambda x + B(\lambda)\sin \lambda x) d\lambda$$

をみたすように定められるが，これは $\phi(x)$ のフーリエ積分表示になっているので，

$$A(\lambda) = \frac{1}{2\pi} \int_{-\infty}^{\infty} \phi(y)\cos \lambda y \, dy$$
$$B(\lambda) = \frac{1}{2\pi} \int_{-\infty}^{\infty} \phi(y)\sin \lambda y \, dy \tag{13.4}$$

で与えられる[*2]．よって，

[*1] 一般に，形式的に，
$$\lim_{\Delta\lambda \to 0} \sum_{n=0, \pm 1, \pm 2, \cdots} f(n\Delta\lambda) \Delta\lambda = \int_{-\infty}^{\infty} f(\lambda) d\lambda$$

[*2] [17] などを参照．

$$u(x, t) = \int_{-\infty}^{\infty} u_\lambda(x, t) d\lambda$$

$$= \int_{-\infty}^{\infty} e^{-\lambda^2 t} \left\{ \frac{1}{2\pi} \int_{-\infty}^{\infty} \phi(y) \cos \lambda y \, dy \cdot \cos \lambda x \right.$$

$$\left. + \frac{1}{2\pi} \int_{-\infty}^{\infty} \phi(y) \sin \lambda y \, dy \cdot \sin \lambda x \right\} d\lambda$$

$$= \frac{1}{2\pi} \int_{-\infty}^{\infty} \left\{ \int_{-\infty}^{\infty} e^{-\lambda^2 t} \phi(y) \cos \lambda (x - y) \, dy \right\} d\lambda \quad (13.5)$$

形式的に積分順序の交換 (フビニの定理) を行い,

$$u(x, t) = \frac{1}{2\pi} \int_{-\infty}^{\infty} \phi(y) \left\{ \int_{-\infty}^{\infty} e^{-\lambda^2 t} \cos \lambda (x - y) \, d\lambda \right\} dy \quad (13.6)$$

次に

$$\int_{-\infty}^{\infty} e^{-\lambda^2 t} \cos \lambda (x - y) \, d\lambda = \sqrt{\frac{\pi}{t}} e^{-\frac{(x-y)^2}{4t}} \quad (13.7)$$

を示すために次の命題を準備する.

命題 13.1
$$I(\ell) = \int_{-\infty}^{\infty} e^{-s^2} \cos \ell s \, ds \quad (13.8)$$

に対して

(1) $I'(\ell) = -\dfrac{\ell}{2} I(\ell)$

(2) $I(\ell) = \sqrt{\pi} e^{-\frac{\ell^2}{4}}$

証明 (1) 積分記号下の微分法により,

$$I'(\ell) = \int_{-\infty}^{\infty} e^{-s^2} \frac{\partial}{\partial \ell} (\cos \ell s) \, ds$$

$$= \int_{-\infty}^{\infty} e^{-s^2} (-s) \sin \ell s \, ds$$

$$= \int_{-\infty}^{\infty} \left(\frac{1}{2} e^{-s^2} \right)' \sin \ell s \, ds$$

$$= \left[\frac{1}{2} e^{-s^2} \sin \ell s \right]_{s=-\infty}^{s=\infty} - \int_{-\infty}^{\infty} \frac{1}{2} e^{-s^2} \ell \cdot \cos \ell s \, ds$$

$$= -\frac{\ell}{2} I(\ell)$$

(2)
$$\int_{-\infty}^{\infty} e^{-z^2} dz = \sqrt{\pi} \tag{13.9}$$

に注意すると，(1) より

$$I(\ell) = I(0) e^{\int_0^\ell -\frac{\ell'}{2} d\ell'} = \sqrt{\pi} e^{-\frac{\ell^2}{4}} \qquad \blacksquare$$

よって (13.6) において，$s = \lambda\sqrt{t}$, $\ell = \dfrac{x-y}{\sqrt{t}}$ とおくと，$d\lambda = \dfrac{1}{\sqrt{t}} ds$ より，(13.7) が得られる．よって，(13.1) の解は

$$u(x,t) = \int_{-\infty}^{\infty} \phi(y) \frac{1}{\sqrt{4\pi t}} e^{-\frac{(x-y)^2}{4t}} dy \tag{13.10}$$

と形式的に表示できる．

$$G(x,t) = \frac{1}{\sqrt{4\pi t}} e^{-\frac{x^2}{4t}} \tag{13.11}$$

は熱核またはガウス核とよばれる．

命題 13.2 (1) $G_t - G_{xx} = 0$
(2) $^\forall t > 0$, $\displaystyle\int_{-\infty}^{\infty} G(x,t) dx = 1$

(1) は明らか．(2) は $z = \sqrt{\dfrac{1}{4t}}\, x$ による置換積分によって得られる．

13.2 畳み込み

定義 13.1 $\mathbb{R}$ で定義された積分可能な関数 $f(x), g(x)$ に対して，

$$(f * g)(x) = \int_{-\infty}^{\infty} f(x-y) g(y) dy \tag{13.12}$$

を f と g の畳み込みまたは合成積という．

畳み込みを直観的に理解していきたい．そのためにまず畳み込みの基本的な性質を調べる．

定理 13.1 $\mathbb{R}$ で定義された積分可能な関数 $f(x), g(x)$ に対して，

(1) $$(f*g)(x) = (g*f)(x) \tag{13.13}$$
(2) $a, b \in \mathbb{R}$ に対して,
$$(f*(ag_1 + bg_2))(x) = a(f*g_1)(x) + b(f*g_2)(x) \tag{13.14}$$
(3) $f(x), g(x)$ が絶対積分可能なとき,
$$\int_{-\infty}^{\infty}(f*g)(x)dx = \int_{-\infty}^{\infty}f(x)dx \int_{-\infty}^{\infty}g(x)dx \tag{13.15}$$

証明 (1) 変数変換 $x - y = t$ により明らか.
(2) 定義より明らか.
(3) フビニの定理により[*3],
$$\int_{-\infty}^{\infty}(f*g)(x)dx = \int_{-\infty}^{\infty}\left(\int_{-\infty}^{\infty}f(y)g(x-y)dy\right)dx$$
$$= \int_{-\infty}^{\infty}f(y)\left(\int_{-\infty}^{\infty}g(x-y)dx\right)dy$$
$$= \int_{-\infty}^{\infty}f(x)dx \int_{-\infty}^{\infty}g(x)dx \qquad \blacksquare$$

$f(x)$ の $[a, b]$ における平均 $\dfrac{1}{b-a}\int_a^b f(x)dx = \int_a^b f(x)\dfrac{1}{b-a}dx$ において, 一定値関数 $y = \dfrac{1}{b-a}$ は $\int_a^b \dfrac{1}{b-a}dx = 1$ だが, このグラフを変形して, $g(x) \geq 0$, $\int_a^b g(x)dx = 1$ をみたす $g(x)$ を $f(x)$ に掛けた積分 $\int_a^b f(x)g(x)dx$ を加重平均といい, $g(x)$ を重み関数という.

$g(x) \geq 0$, $\int_{-\infty}^{\infty} g(x)dx = 1$ をみたす $g(x)$ に対して, $(f*g)(0)$ は $f(x)$ の $g(-x)$ による加重平均である.

定理 13.1 (3) により, $\int_{-\infty}^{\infty} g(x)dx = 1$ のとき, $g(x)$ は $(f*g)(x)$ によって $f(x)$ の積分量を変えない.

[*3] (6.34) では積分領域が有界であり, $f(x, y)$ は連続でよいが, ここではルベーグ積分におけるフビニの定理を用いた.

例 13.1 (1) 連続関数 $f(x)$ と

$$g_n(x) = \begin{cases} n, & |x| \leq \dfrac{1}{2n} \\ 0, & |x| > \dfrac{1}{2n} \end{cases}$$

に対して，積分の平均値の定理より

$$\begin{aligned}(f * g_n)(x) &= \int_{-\frac{1}{2n}}^{\frac{1}{2n}} nf(x-y)\,dy \\ &= n\int_{x-\frac{1}{2n}}^{x+\frac{1}{2n}} f(t)\,dt \\ &= f(\xi), \quad {}^\exists \xi \in \left(x - \frac{1}{2n}, x + \frac{1}{2n}\right)\end{aligned} \tag{13.16}$$

よって

$$\lim_{n\to\infty}(f*g_n)(x) = f(x)$$

$(f*g_n)(x)$ は $f(x)$ のグラフの $g_n(x)$ による変形を表す．十分大きな n に対して，変形は小さい．

(2)
$$h_n(x) := g_n(x-a) = \begin{cases} n, & |x-a| \leq \dfrac{1}{2n} \\ 0, & |x-a| > \dfrac{1}{2n} \end{cases}$$

に対して，(13.16) と同様，

$$(f*h_n)(x) = f(\xi), \quad {}^\exists \xi \in \left(x - a - \frac{1}{2n}, x - a + \frac{1}{2n}\right)$$

よって

$$\lim_{n\to\infty}(f*h_n)(x) = f(x-a)$$

a として有限個の値を考え，それぞれの h_n による線形結合を考えると，$f(x)$ との畳み込みは (13.14) によって与えられる．このことにより，$g(x)$ のグラフの形によって $(f*g)(x)$ のグラフが $f(x)$ のグラフから，どのように変形されるかある程度直観できるであろう．◇

命題 13.3 $f(x), g(x)$ は $\mathbb{R}$ で連続で積分可能とする．
(1) $f, g \in C^1(\mathbb{R})$ のとき，
$$f * g' = f' * g \tag{13.17}$$
が成り立つ．
(2) $g \in C^1(\mathbb{R})$ のとき，$(f * g)(x)$ は微分可能で，
$$\frac{d}{dx}(f * g) = f * g' \tag{13.18}$$
が成り立つ．

証明

(1)
$$\begin{aligned}(f * g')(x) &= \int_{-\infty}^{\infty} f(y)\frac{d}{dx}g(x-y)dy \\ &= -\int_{-\infty}^{\infty} f(y)\frac{d}{dy}g(x-y)dy \\ &= -\Big[f(y)g(x-y)\Big]_{y=-\infty}^{y=\infty} + \int_{-\infty}^{\infty} f'(y)g(x-y)dy \\ &= (f' * g)(x)\end{aligned}$$

(2) 積分記号下の微分法により，
$$\frac{d}{dx}(f * g)(x) = \int_{-\infty}^{\infty} f(y)\frac{d}{dx}g(x-y)dy = (f * g')(x)$$
$$\tag{13.19}\blacksquare$$

13.3 $\mathbb{R}$ での熱方程式の初期値問題

これまで形式的な議論を用いて，$G(x,t)$ を発見したが，(13.10) は (13.11) の $G(x,t)$ により，
$$\begin{aligned}u(x,t) &= (\phi * G(\,\cdot\,,t))(x) \\ &= \int_{-\infty}^{\infty} \phi(y)G(x-y,t)dy\end{aligned} \tag{13.20}$$
によって与えられる．このように，$G(x,t)$ との畳み込みによって，初期温度分布 $\phi(x)$ が，どのように針金上を拡散していくか表される．

命題 13.4 $\phi(x)$ は $\mathbb{R}$ で連続かつ絶対積分可能とする．このとき，(13.20) の $u(x,t)$ に対して，以下のことが成り立つ．

(1) $u_t - u_{xx} = 0$

(2) $t > 0$ に対して
$$\int_{-\infty}^{\infty} u(x,t)\,dx = \int_{-\infty}^{\infty} \phi(x)\,dx$$

(3) (13.10) は (13.1) の初期条件をみたす，すなわち
$$\lim_{t \to +0} u(x,t) = \phi(x) \tag{13.21}$$

証明 (1) 積分記号下の微分法により，(13.20) に対して，
$$\begin{aligned}
u_t - u_{xx} &= \frac{\partial}{\partial t}\int_{-\infty}^{\infty} \phi(y) G(x-y, t)\,dy - \frac{\partial^2}{\partial x^2}\int_{-\infty}^{\infty} \phi(y) G(x-y, t)\,dy \\
&= \int_{-\infty}^{\infty} \phi(y)\{G_t(x-y, t) - G_{xx}(x-y, t)\}\,dy \\
&= \phi * (G_t - G_{xx}) \\
&= 0 \tag{13.22}
\end{aligned}$$

(2) 定理 13.1 (3)，命題 13.2 (2) より，
$$\int_{-\infty}^{\infty} u(x,t)\,dx = \int_{-\infty}^{\infty} \phi(y)\,dy$$

(3) (13.10) に $t = 0$ を代入できないので，(13.10) が (13.21) をみたすことを示す．

(13.10) において，$z = \dfrac{y-x}{\sqrt{4t}}$ によって変数変換すると，$dy = \sqrt{4t}\,dz$ より，
$$u(x,t) = \frac{1}{\sqrt{\pi}}\int_{-\infty}^{\infty} \phi(x + \sqrt{4t}\,z)e^{-z^2}\,dz \tag{13.23}$$

(13.9) より
$$\phi(x) = \frac{1}{\sqrt{\pi}}\int_{-\infty}^{\infty} \phi(x) e^{-z^2}\,dz$$

と書くことができるので，(13.23) で $t \to 0$ とすると (13.21) は形式的に成り

立つ*4. 以下では

$$u(x, t) - \phi(x) = \frac{1}{\sqrt{\pi}} \int_{-\infty}^{\infty} \{\phi(x + \sqrt{4t}\, z) - \phi(x)\} e^{-z^2} dz \quad (13.24)$$

と書き，(13.21) を示すために，

$$^\forall \varepsilon > 0, \ ^\exists t_0 > 0 ;$$
$$0 < t < t_0 \Longrightarrow ^\forall x \in \mathbb{R}, \ |u(x, t) - \phi(x)| < \varepsilon \quad (13.25)$$

を示す．(13.24) において，z が $z = 0$ と近い部分と遠い部分に分けて考える．すなわち，被積分関数を $F = \{\phi(x + \sqrt{4t}\, z) - \phi(x)\} e^{-z^2}$ と書くと，$z_0 > 0$ に対して，

$$|u(x, t) - \phi(x)| \leq \frac{1}{\sqrt{\pi}} \left\{ \int_{-\infty}^{-z_0} |F| dz + \int_{-z_0}^{z_0} |F| dz + \int_{z_0}^{\infty} |F| dz \right\}$$

とすることができる．$\phi(x)$ は有界としているので，$^\exists M > 0$ に対して，$|\phi(x)| \leq M$ であり，$e^{-z^2} \leq 1$ であることに注意すると，

$$|u(x, t) - \phi(x)| \leq \frac{1}{\sqrt{\pi}} \left\{ \int_{-\infty}^{-z_0} 2M e^{-z^2} dz + \int_{-z_0}^{z_0} |\phi(x + \sqrt{4t}\, z) - \phi(x)| dz \right.$$
$$\left. + \int_{z_0}^{\infty} 2M e^{-z^2} dz \right\} \quad (13.26)$$

ここで，z_0 が大きいほど，第 1 項と第 3 項の積分区間は小さくなり，

$$^\forall \varepsilon > 0, \ ^\exists z_0 > 0 : \frac{2M}{\sqrt{\pi}} \left\{ \int_{-\infty}^{-z_0} e^{-z^2} dz + \int_{z_0}^{\infty} e^{-z^2} dz \right\} < \frac{\varepsilon}{2}$$

とできる．ε に対して定められる z_0 に対して，第 2 項は $\phi(x)$ が連続であることより，

$$^\exists t_0 > 0 ; |\sqrt{4t}\, z| < \sqrt{4t_0}\, z_0 \Longrightarrow |\phi(x + \sqrt{4t}\, z) - \phi(x)| < \frac{\sqrt{\pi}}{4z_0} \varepsilon$$

とできることより，(13.25) が示された． ■

なお (13.18) より，$\phi(x)$ が微分可能でなくても，$G(x, t)$ が x について無限回微分可能であるから，$u(x, t)$ は x について無限回微分可能．また t 偏微分も (13.20) の積分記号下の微分法によってなされる．

---

*4 (13.23) において，$|\phi(x + \sqrt{4t}z) e^{-z^2}| \leq \max_{x \in \mathbb{R}} |\phi(x)| e^{-z^2}$ より，ルベーグ収束定理を用いれば，(13.21) は直ちに得られる．

参考文献

以下に，本書の執筆にあたって参考にしたおもな書籍を刊行順にあげる．

- [1] 伊藤清三，『ルベーグ積分入門』，裳華房，1963.
- [2] 加藤義夫，『偏微分方程式』，サイエンス社，1975.
- [3] 杉浦光夫，『解析入門Ⅰ』，東京大学出版会，1980.
- [4] V. I. Arnol'd，『常微分方程式』(足立正久・今西英器訳)，現代数学社，1981.
- [5] 森岡茂樹，『気体力学』，朝倉書店，1982.
- [6] И. С. Градштейн，И. М. Рыжик，『数学大公式集』(大槻義彦訳)，丸善，1983.
- [7] 神部勉，『偏微分方程式』，講談社，1987.
- [8] 櫻井明，『数理科学概論』，東京電機大学出版局，1987.
- [9] D. Burghes, M. Borrie，『微分方程式で数学モデルを作ろう』(垣田高夫・大町比佐栄訳)，日本評論社，1990.
- [10] 藤田宏・吉田耕作，『現代解析入門』，岩波書店，1991.
- [11] 佐野理，『キーポイント微分方程式』，岩波書店，1993.
- [12] 高橋豊文・大野芳希，『解析Ⅲ・級数』，共立出版，1995.
- [13] S. Lipschutz，『一般位相』(大矢建正・花沢正純訳)，オーム社，1995.
- [14] 垣田高夫，『微分方程式』，裳華房，1996.
- [15] S. J. Farlow，『偏微分方程式—科学者・技術者のための使い方と解き方—』(伊理正夫・伊理由美訳)，朝倉書店，1996.
- [16] 及川正行，『偏微分方程式』，岩波書店，1997.
- [17] 福田礼次郎，『フーリエ解析』，岩波書店，1997.
- [18] 井上純治・勝股脩・林実樹廣，『級数』，共立出版，1998.

- [19] 儀我美一・儀我美保,『非線形偏微分方程式 — 解の漸近挙動と自己相似解 —』,共立出版,1999.
- [20] 藤田宏編著,『応用数学 (3 訂版)』,放送大学教育振興会,1999.
- [21] 渋谷仙吉・内田伏一,『偏微分方程式』,裳華房,2000.
- [22] 谷島賢二,『ルベーグ積分と関数解析』,朝倉書店,2002.
- [23] 石村園子,『やさしく学べる微分方程式』,共立出版,2003.
- [24] 鈴木武・山田義雄・柴田良弘・田中和永,『理工系のための微分積分 II』,内田老鶴圃,2007.
- [25] E. M. Stein, R. Shakarchi,『フーリエ解析入門』(新井仁之・杉本充・高木啓行・千原浩之訳),日本評論社,2007.
- [26] 櫻井明・髙橋秀慈,『非線形問題の解法』,東京電機大学出版局,2008.
- [27] 大谷光春,『理工基礎 常微分方程式論』,サイエンス社,2011.
- [28] 熊原啓作・室政和,『微分方程式への誘い』,放送大学教育振興会,2011.
- [29] 遠藤雅守・北林照幸,『微分方程式と数理モデル — 現象をどのようにモデル化するか —』,裳華房,2017.
- [30] 髙橋秀慈,『微分積分リアル入門 — イメージから理論へ —』,裳華房,2017.

索　引

あ
アーベルの連続性定理　147
安定結節点　86
鞍点　87

い
一様収束　127
一般解　4
移流拡散方程式　180
移流方程式　108

え
エネルギー保存則　174
エネルギー密度　174

お
オイラー型　56

か
解軌道　79
解の重ね合わせ　29
ガウス核　225
各点収束　122
渦状点　87
関数項級数　136
完全微分形　70
完全微分方程式　70
完備　156

き
基本解　38
逆演算子　51
逆作用素　51
境界条件　182
極限関数　122

く
区分的になめらか　207
区分的に連続　207
グラディエント　65, 95

け
結節点　86

こ
合成積　225
勾配　65
項別積分定理　137
項別微分定理　138
固有関数展開　195
固有ベクトル　79
コール・ホップ変換　196

さ
最良近似　217
三角多項式　197

し
質量保存則　112
収束域　122

収束半径　141
縮小写像　158
縮小写像の原理　160
シュワルツの不等式　220
初期条件　29, 181
初期値　29
初期値問題　29

せ
整級数　140
整級数の一意性　147
斉次方程式　32
積分因子　23
積分記号下の微分法　72, 134
接線ベクトル　13
線形方程式　31
線形力学系　76
全微分　66

た
第3種境界条件　193
ダイバージェンス　175
畳み込み　225
断熱条件　182

ち
チェザロ平均　214

て
定常状態　175
定数係数微分方程式　31

定数変化法　27
ディリクレ核　208
ディリクレ境界条件
　　182, 193
電荷保存則　178

と

同次形　25
同次方程式　32
特性基礎曲線　100, 107
特性曲線　100, 107
特性方程式　37
独立な解　37
特解　4

な

ナヴィエ・ストークス方程
　　式　181

ね

熱核　225
熱拡散率　174
熱伝導率　174
熱容量　174
熱流束密度　174

の

ノイマン境界条件　182
ノルム　155
ノルム空間　155

は

バーガース方程式　181
パーセヴァルの等式　218
発散　175

バナッハ空間　156
バナッハの不動点定理
　　160
パラメータ表示　12

ひ

非斉次方程式　32
比熱　174
微分演算子　44
微分作用素　44

ふ

不安定結節点　86
フィックの第1法則　180
フェイェール核　213
フェイェールの定理　215
フビニの定理　72
フーリエ級数　197, 200
フーリエ級数展開
　　190, 198
フーリエ係数　199
フーリエの法則　173

へ

平衡点　84
ベッセルの不等式　204
変数係数微分方程式　31
変数分離形　18
変数分離法　186

ほ

方向微分　95
放熱条件　182
保存則　112, 178

ゆ

優級数　139

ら

ライプニッツの交代級数定
　　理　148
ラグランジュ微分　110
ラプラシアン　178

り

リーマン・ルベーグの補題
　　205
流線　6
流束　177
両立条件　183

る

ルベーグ収束定理
　　135, 230

れ

連続の方程式　178

ろ

ロジスティック曲線　20
ロトカ・ヴォルテラの方程
　　式　78
ロバン条件　193
ロンスキアン　42

わ

ワイヤシュトラスの優級数
　　判定法　139
湧き出し　175

著者略歴

髙橋　秀慈（たかはし　しゅうじ）

1962年青森県に生まれる．1987年北海道大学理学部数学科卒業，1992年東京電機大学理工学部助手．現在，東京電機大学理工学部講師．博士（理学）．著書に『非線形問題の解法』（東京電機大学出版局，2008，共著），『微分積分リアル入門 — イメージから理論へ —』（裳華房，2017）がある．

微分方程式リアル入門 — 解法の背景を探る —

2019年11月25日　第1版1刷発行

検印省略	著作者	髙橋　秀慈
	発行者	吉野　和浩
定価はカバーに表示してあります．	発行所	東京都千代田区四番町8-1 電　話 03-3262-9166（代） 郵便番号 102-0081 株式会社　裳華房
	印刷所	三報社印刷株式会社
	製本所	牧製本印刷株式会社

一般社団法人
自然科学書協会会員

JCOPY 〈出版者著作権管理機構 委託出版物〉

本書の無断複製は著作権法上での例外を除き禁じられています．複製される場合は，そのつど事前に，出版者著作権管理機構（電話03-5244-5088，FAX 03-5244-5089，e-mail: info@jcopy.or.jp）の許諾を得てください．

ISBN 978-4-7853-1583-2

ⓒ 髙橋秀慈，2019　　Printed in Japan

微分積分リアル入門　－イメージから理論へ－

高橋秀慈 著　Ａ５判／256頁／定価（本体2700円＋税）

本書では微分積分学について「どうしてそのようなことを考えるのか」という動機から始め、数式や定理のもつ意味合いや具体例までを述べ、一方、今日完成された理論のなかでは必ずしも必要とならないような事柄も説明することによって、ひとつの数学理論が出来上がっていく過程や背景を追跡した。

$\varepsilon-\delta$ 論法のような難解とされる数学表現も「言葉」で解説し、直観的イメージを伝えながら、数式や定理の意義、重要性を述べた。

【主要目次】
第Ⅰ部 基礎と準備（不定形と無限小／微積分での論理／$\varepsilon-\delta$論法）
第Ⅱ部 本論（実数／連続関数／微分／リーマン積分／連続関数の定積分／広義積分／級数／テーラー展開）

微分方程式と数理モデル　現象をどのようにモデル化するか

遠藤雅守・北林照幸 共著　Ａ５判／236頁／定価（本体2500円＋税）

読者が微分方程式の「解き方」でなく、「使い方」がわかったという実感を持っていただけるように、思い切って理論的背景を省略し、ある物理や工学の問題は微分方程式でどのように表されるのか、そしてその微分方程式を解くことにより何がわかるのか、といった応用面を主眼にした入門書。

【主要目次】1. 微分方程式とは何か　2. 微分方程式の解法　3. 直接積分形微分方程式　4. １階斉次微分方程式　5. １階非斉次微分方程式　6. ２階斉次微分方程式　7. ２階非斉次微分方程式　8. 連立微分方程式　9. 特殊な解法

基礎 解析学（改訂版）

矢野健太郎・石原　繁 共著　Ａ５判／290頁／定価（本体2300円＋税）

「微分方程式」「ベクトル解析」「複素変数の関数」「フーリエ級数・ラプラス変換」の４分野をバランス良く一冊にまとめた。1993年発行の改訂版では、初学者がなじみやすいように図版の追加・改良を行った。

【主要目次】第１部 微分方程式（微分方程式／１階微分方程式／線形微分方程式）　第２部 ベクトル解析（ベクトルの代数／ベクトルの微分と積分／ベクトル場／積分公式）　第３部 複素変数の関数（複素変数の関数／正則関数／積分／展開・留数・等角写像）　第４部 フーリエ級数・ラプラス変換（フーリエ級数／ラプラス変換／フーリエ積分）

応用解析概論

桑村雅隆 著　Ａ５判／304頁／定価（本体3000円＋税）

数学を専門としない理工系の学生が、限られた時間のなかで、解析学の基本的な概念や手法を習得できるように編まれた一冊。必要とされる予備知識は微分積分と線形代数だけにとどめ、それぞれのテーマについて各章50ページ程度にまとめた。また、それぞれの章は基本的に独立しており、どこからでも読み始めることができるようになっている。

【主要目次】1. 常微分方程式　2. ベクトル解析　3. 複素関数　4. フーリエ解析とラプラス変換　5. 偏微分方程式　付録　微分積分と線形代数の復習

裳華房ホームページ　https://www.shokabo.co.jp/